劳动和社会保障部职业技能鉴定中心
中国眼镜协会　编审

眼镜定配工职业资格培训教程

（初、中级）

海洋出版社

2000年·北京

图书在版编目(CIP)数据

眼镜定配工职业资格培训教程.初中级/劳动和社会保障部职业技能鉴定中心,中国眼镜协会编. －北京:海洋出版社,2000.5
ISBN 7－5027－5001－0

Ⅰ.眼… Ⅱ.①劳… Ⅲ.中… Ⅲ.眼镜学－职业技能鉴定－技术培训－教材 Ⅳ.R778.3

中国版本图书馆 CIP 数据核字(2000)第 60001 号

责任编辑　田家作
责任印制　严国晋

海洋出版社　出版发行

http://www.cceanpress.com.cn
(100081　北京市海淀区大慧寺路 8 号)
北京建筑工业印刷厂印刷
2000 年 5 月第 1 版　2005 年 4 月第 4 次印刷
开本：787×1092　1/16　印张：13
字数：224 千字　印数：12001—17000 册
定价：28.00 元
海洋版图书印、装错误可随时退换

《眼镜定配工职业资格培训教程》(初、中级)

编审委员会

主　任：徐云媛　宋　建
副主任：卢文若　袁　芳　戴维平
委　员：(以姓氏笔划为序)
　　　　王　林　王勤美　齐　备　宋慧琴
　　　　邱新兰　张　普　钟荣世　须耀辉
　　　　钱仁德　葛恒双

前　言

本书是由劳动和社会保障部职业技能鉴定中心和中国眼镜协会组织眼镜行业内有关专家编写，并经劳动审定作为全国眼镜行业验光人员职业技能鉴定培训用书。

本书以劳动和社会保障部发布的《眼镜定配工国家职业标准》为依据，在教材编写中坚持模块化和技能要求为主的原则。教材中的章对应职业标准中的职业功能；节对应工作内容；单元对应技能要求，每一单元包括学习目标，操作步骤，注意事项和相关知识。每节附有一定数量的练习题。

本书适用于初、中级眼镜验光员的职业技能鉴定指导，也可作为培训学校的教学参考，并可作为从事眼镜验光人员的自学用书。教材中用不同的字体来区分初、中级验光员的不同技能要求，书中宋体表述的部分为初、中级均需掌握的内容，用楷体表述的部分内容是对中级验光员的要求。

本书此次再版时，对书中的术语和表达方法，进行了修改，尽量使其达到规范统一。

编写职业资格培训教程是一项探索性的工作，缺乏经验，我们热忱欢迎眼镜界朋友提出宝贵意见。

劳动和社会保障部职业技能鉴定中心
中　国　眼　镜　协　会

目　　次

第一章　基础知识 …………………………………………………（1）
第一节　加工工艺知识 …………………………………………（1）
第一单元　机械基础知识 ……………………………………（1）
第二单元　眼镜片加工工艺及镀膜工艺知识 ………………（8）
第二节　眼镜商品知识 …………………………………………（12）
第三节　几何光学知识 …………………………………………（23）
第一单元　基本概念 …………………………………………（23）
第二单元　透镜及成像 ………………………………………（26）
第三单元　三棱镜 ……………………………………………（28）
第四节　眼镜光学 ………………………………………………（31）
第一单元　球柱透镜、三棱镜的光学特性 …………………（31）
第二单元　球柱透镜的联合与转换 …………………………（37）
第三单元　透镜的有效镜度 …………………………………（39）
第四单元　移心、三棱镜效果 ………………………………（40）
第五节　眼科学知识 ……………………………………………（43）
第一单元　眼的解剖和生理 …………………………………（43）
第二单元　影响视觉的原因分析 ……………………………（57）
第六节　眼屈光学知识 …………………………………………（62）

第二章　接待 ………………………………………………………（75）
第一节　分析处方 ………………………………………………（75）
第一单元　处方中的名词术语 ………………………………（75）
第二单元　配镜咨询 …………………………………………（80）
第三单元　配镜订单 …………………………………………（81）
第二节　介绍商品 ………………………………………………（87）
第一单元　消费心理及购买行为 ……………………………（87）
第二单元　镜架的选择 ………………………………………（95）

第三章　加工制作 …………………………………………………（98）
第一节　测量瞳距和镜架中心距 ………………………………（98）
第一单元　测量瞳距 …………………………………………（98）
第二单元　镜架几何中心水平距的测算 ……………………（103）

第二节 确定加工中心……………………………………………(105)
    第一单元 移心量的计算………………………………………(105)
    第二单元 镜片顶焦度的测量和定镜片光学中心………………(110)
    第三单元 确定加工中心………………………………………(115)
  第三节 磨边………………………………………………………(121)
    第一单元 手工磨边……………………………………………(121)
    第二单元 自动磨边……………………………………………(129)
    第三单元 抛光机、自动开槽机的使用…………………………(137)
  第四节 装配………………………………………………………(141)
    第一单元 装片加工……………………………………………(141)
    第二单元 应力仪的使用………………………………………(145)
第四章 检测…………………………………………………………(148)
  第一节 光学参数检测……………………………………………(148)
    第一单元 用顶焦度计测量眼镜的顶焦度和轴位………………(148)
    第二单元 光学中心水平距离和垂直互差的测量………………(152)
    第三单元 测量双光眼镜的子镜片顶焦度和子镜片高度互差……(154)
  第二节 外观检查…………………………………………………(156)
    第一单元 装配质量……………………………………………(156)
    第二单元 配装眼镜的外观质量和整形要求……………………(156)
第五章 整形与校配…………………………………………………(158)
  第一节 整形………………………………………………………(158)
    第一单元 整形工具……………………………………………(158)
    第二单元 整形…………………………………………………(163)
  第二节 校配………………………………………………………(166)
    第一单元 校配的项目…………………………………………(166)
    第二单元 校配的方法…………………………………………(172)
第六章 仪器设备维护………………………………………………(178)
  第一节 维护保养…………………………………………………(178)
    第一单元 仪器设备的精确度检查……………………………(178)
    第二单元 仪器设备保养………………………………………(187)
  第二节 故障排除…………………………………………………(194)
    第一单元 故障的判断和排除…………………………………(194)
    第二单元 安全…………………………………………………(197)

第一章 基础知识

第一节 加工工艺知识

第一单元 机械基础知识

一、材料

任何一个产品,都是由几个或多个零件所组成。零件依据其在产品中作用的不同,选择不同的材料制成。

材料按其成分可分为金属材料(黑色金属材料和有色金属材料)和非金属材料两大类。不同的材料具有不同的性能和用途。

(一) 材料的机械性能

零件在使用过程中,常受到不同形式的外力作用,材料的机械性能,是指材料抵抗外力的能力。

材料机械性能的基本指标有强度、弹性、塑性、硬度、韧性、疲劳等。

1. 强度:材料在外力作用下抵抗变形和破坏的能力称为强度。材料的强度,常用单位面积上材料的抗力(即应力)表示。

强度的指标是强度极限,它表示材料在外力作用下,能抵抗变形和破坏的最大应力。根据材料所受外力的形式不同,强度极限可分为以下几种:

抗拉强度:指外力是拉力时的强度极限。

抗弯强度:指外力是弯曲力时的强度极限。

抗压强度:指外力是压力时的强度极限。

剪切强度:指外力是扭转力时的强度极限。

零件所受应力,不允许超过极限强度,否则就会发生破坏。

2. 弹性:材料在外力作用下产生变形,当外力取消后对恢复原来的形状和大小,材料的这一特性称为弹性。材料弹性的指标是弹性模量。

弹性模量是指材料在弹性范围内,应力与应变成正比例关系。弹性模量大,相当于引起材料单位变形时所需应力大,也就是材料的刚度大。因此,对于要求弹性变形小的零件,应选用弹性模量大的材料。

3．塑性：材料在外力作用下产生永久变形而不破裂,材料的这一特性称为塑性。材料塑性的指标是延伸率和断面收缩率。

延伸率：材料的试样,在受拉力作用断裂时,其伸长的长度与原长度之比值的百分率。

断面收缩率：材料的试样,在受拉力作用断裂时,其断口处横截面积的缩小量与原横截面积之比值的百分率。

延伸率和断面收缩率的数值大,表示该种材料塑性好。它有利于锻压、拉伸、冷拔等成型工艺。

4．硬度：材料表面抵抗硬物压入的能力称为硬度,根据测定方法的不同,常用的硬度指标有布氏硬度HB,洛氏硬度HR和维氏硬度HV等,这些指标数值大,表明材料的硬度大。

5．疲劳：零件在大小和方向变化,且又小于材料的强度极限的外力长期作用下突然断裂,这一现象称为疲劳,疲劳的性能指标为疲劳极限。国家标准规定：一般钢铁材料,其交变载荷 10^7 循环次数而不断裂的最大应力为其疲劳极限；对于有色金属,交变载荷为 10^8 或更多的循环次数时不断裂的最大应力为其疲劳极限。

6．韧性：材料在冲击载荷作用下而不破坏的能力称为冲击韧性。简称韧性。材料的冲击韧性值是通过冲击试验测定的。

(二) 材料的物理性能

材料的物理性能是指构成材料的物质分子的固有特性。常用的指标有密度、熔点、导热系数、线膨胀系数、电阻系数、磁导率等等。

1．密度：物质质量除以体积称为密度。各种材料都有固定的密度。

2．熔点：金属材料由固态转变为液态时的熔化温度称为熔点。各种材料都有固定的熔点。低熔点金属有锡、铅、锌等,高熔点金属有钨、钼、铬、钒等。

3．导热系数：在每1平方厘米的面积上,每厘米长的材料在每秒升温1摄氏度时所传导的热量称之导热系数。导热系数大,材料的导热性能好。金属材料的导热系数大于非金属材料的导热系数,各种材料在常温下(20℃)均有固定的导热系数。

4．线膨胀系数：材料的温度每升高1摄氏度所增加的长度与原长度之比称为线膨胀系数。线膨胀系数大,则材料受热后膨胀得大。

5．电阻率：截面面积为1平方厘米,长1米的材料在常温20℃时,所具有的电阻值称为电阻率。材料的电阻率小,导电性好。

6．磁导率：磁性材料在磁场中导磁能力的指标。磁性材料的磁导率大,它容易被磁化。

(三) 材料的化学性能

材料的化学性能是指材料在常温或高温条件下抵抗各种腐蚀性介质侵蚀的一种能力。常用指标是材料的耐腐蚀性和抗氧化性。

1. 耐腐蚀性：材料抵抗各种腐蚀性介质腐蚀破坏作用的能力称为耐腐蚀性。耐腐蚀性是衡量其性能优劣的主要质量指标。

2. 抗氧化性：材料抵抗氧化作用的能力称为抗氧化性。氧化是自然界普遍存在的一种化学现象。金属材料都能与空气中的氧进行化合而在表面生成一种氧化物，它致密而稳定，从而阻止材料继续氧化，然而氧化层又使金属失去原有光泽。

(四) 材料的工艺性能

材料的工艺性能是指材料是否容易被加工成形的特性。它包括铸造性、可锻性、焊接性、切削性、冲压性等等。材料的工艺性能直接影响到零件的制造方法和产品质量。

二、公差与配合

(一) 互换性

任何产品都是由许多零件组装起来的，装配时，在同一规格的零件或部件中任取一件，不需任何修配，就可与产品的另外一些零件相配合，能使产品符合技术要求和正常使用。这种技术特性称之为互换性。这些零件或部件称之为互换性零件或部件。

要使零件具有互换性，就必须按照一定的尺寸精度来加工零件，也就是在加工中把零件的实际尺寸限制在一定的范围内。《公差与配合》就是为了实现互换性技术要求，用标准的形式(国家标准、国际标准)所作出的一系列规定。

(二) 基本术语

1. 基本尺寸：在设计时，根据结构、性能要求、所用材料等经过设计计算，或试验或经验而确定的尺寸，称基本尺寸。

2. 实际尺寸：实际测量所得的尺寸称实际尺寸。

3. 极限尺寸：允许变化的两个界限值叫极限尺寸，它是基本尺寸允许变化的范围。两个界限值中较大的一个称为最大极限尺寸。较小的一个称为最小极限尺寸。实际尺寸必须在最大极限尺寸与最小极限尺寸之间。否则就是不合格。

4. 偏差：某一尺寸减其基本尺寸所得的代数差叫偏差。

极限尺寸减其基本尺寸所得的代数差叫极限偏差。

最大极限尺寸减其基本尺寸所得的代数差叫上偏差。

最小极限尺寸减其基本尺寸所得的代数差叫下偏差。

实际尺寸减其基本尺寸所得的代数差叫实际偏差。

实际偏差必须在上下偏差范围内，否则就是不合格。

5．公差：基本尺寸允许的变动量称为公差。

公差是最大极限尺寸与最小极限尺寸的代数差的绝对值。也是上偏差与下偏差之代数差的绝对值。

由于代数差可以是＋、－、0。因此上偏差、下偏差、实际偏差均可以是＋、－、0。而代数差的绝对值只能是正值，因此公差永远是正值。

6．公差带：以基本尺寸为零线，由上下偏差的两条平行直线所限定的区域称为尺寸公差带，公差带的位置用相对于零线的上偏差或下偏差来确定，这个偏差称为基本偏差。

7．配合：基本尺寸相同，相互结合的孔和轴公差带间的关系，称为配合。

根据相互结合的孔、轴公差带的不同情况，其配合可以为间隙配合、过渡配合和过盈配合三种。

间隙配合：具有间隙（包括最小间隙等于零）的配合。

过盈配合：具有过盈（包括最小过盈等于零）的配合。

过渡配合：可能具有间隙或过盈的配合。

（三）公差配合与国家标准

在立足我国生产实际的基础上，考虑到生产发展的需要，采用国际公差制的原则，发布了公差配合国家标准。

国家标准中详细规定了基本尺寸分段、公差等级、基本偏差的大小及代号，配合代号和种类等。在选择公差与配合时，按优先、常用、一般的顺序选取。

（四）形状误差与形状公差

形状误差是实际形状对理想形状的偏离量。

形状公差是实际形状对理想形状的允许变动量。也就是形状误差的最大允许值。

形状公差包括直线度、平面度、圆度、圆柱度、线轮廓度、面轮廓度等。

（五）位置误差与位置公差

位置误差是实际位置对理想位置的偏离量。

位置公差是实际位置对理想位置的允许变动量。也就是位置误差的最大允许值。

位置公差包括平行度、垂直度、倾斜度、同轴度、对称度、位置度、圆跳动、全跳动。

形状和位置公差在国家标准中已详尽作了规定,应按国家标准选择应用。

(六) 表面粗糙度

表面粗糙度是指与加工纹理方向相垂直的截面上所得的轮廓线上高低不平的微观形状误差。零件的实际表面越粗糙,摩擦系数越大,消耗的能量也大;表面粗糙,配合的接触面积小,单位面积压力增大,表面易磨损,降低零件的寿命;表面粗糙,在交变载荷下,严重影响疲劳强度;表面粗糙,腐蚀性介质沉积于谷底,加剧腐蚀。因此,为保证产品质量,延长机器设备的使用寿命,降低成本,对表面粗糙度提出合理要求。表面粗糙度在国家标准中已详尽作规定,应按国家标准选用。

三、传动机构

(一) 平面连杆机构

用铰链或滑道将杆件相互连接而成的机构称为平面连杆机构。最基本的是铰链四杆机构。铰链四杆机构,因其四根杆的长度不同,可以演化出多种形式。

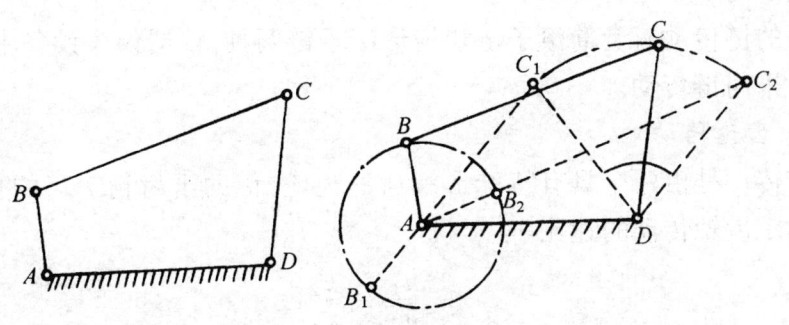

图 1-1-1 平面连杆机构

(二) 凸轮机构

凸轮机构由凸轮 1、从动件 2 和机架 3 组成,当凸轮作等速转动,从动件被凸轮廓线推动,从动件的运动规律由凸轮廓线所决定。因此设计出凸轮廓线,就可使从动件得到预定的运动规律。

凸轮机构的类型由凸轮、从动件形状来分。

按凸轮的形状分有盘形凸轮、圆柱凸轮、移动凸轮。

按从动件端部形状分有尖端、滚子、平底从动件。
按从动件运动形式分有直线、摆动从动件。

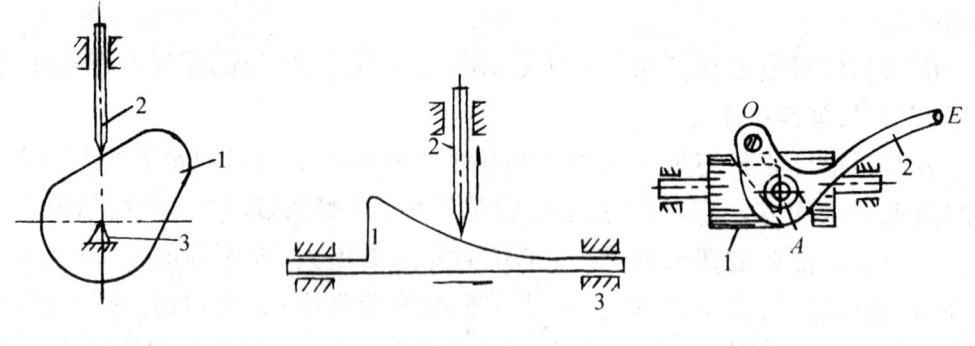

图1-1-2 凸轮机构

（三）带传动

带传动是由两个带轮和一根或几根闭合的传动带组成，借助于带与带轮之间的摩擦力进行传动的。带传动按带的截面形状分有三角带、平型带、圆型带、齿型带、齿孔带等带传动。

（四）链传动

链传动是由两个具有特殊齿形的链轮和一条闭合的链条组成，借助于链轮齿与链条的啮合进行传动。

常用的链传动有套筒滚子链和齿形滚子链两种，仪器仪表设备中，传递功率较大时采用链传动。

（五）齿轮传动

齿轮传动是由两个具有特殊形状齿的齿轮，借助于齿轮上齿的依次啮合进行传动。齿轮传动的速比i：

$$i = \frac{n_1}{n_2} = \frac{z_2}{z_1}$$

式中：n_1、n_2——主、从动轮的转速。

z_1、z_2——主、从动轮的齿数。

按齿廓线来分，有渐开线齿轮传动，摆线齿轮传动和圆弧齿轮传动，常见的齿轮传动绝大多数为渐开线齿廓。

（六）螺旋传动

螺旋传动是由螺杆、螺母及支承组成，将回转运动转变为直线运动。

螺母、螺杆结合处的截面形状应是相同的，常见的截面形状有三角形、梯形、矩形、锯齿形。

螺旋传动可分为普通螺旋传动和差动螺旋传动。仪器仪表设备中,螺旋传动被用作调整装置、微动装置、分度装置、测量装置等。

螺旋传动的基本形式如图 1-1-3 所示。

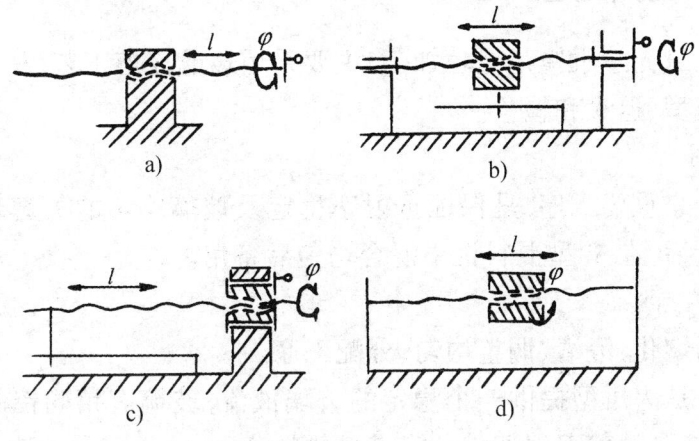

图 1-1-3　普通螺旋传动的基本形式

四、螺纹联接

螺纹联接是利用具有螺纹的零件将需要相对固定的零件联接在一起。

螺纹联接件有螺栓、双头螺柱、螺钉、螺母和垫圈等。螺纹联接件的形状,尺寸在国家标准中都有详细规定,使用时按标准选择,选择同一规格的零件作更换。螺钉在眼镜架上应用较多,多为非标准件,但在行业中有统一的尺寸标准。

思考题

1．材料的性能有哪些？它们的常用指标是什么？
2．什么是互换性、尺寸公差、间隙配合、过盈配合、过渡配合？
3．什么是形状误差、位置误差和表面粗糙度？
4．平面连杆机构如何组成？
5．凸轮机构是如何组成？
6．带传动、链传动是如何组成的？各有什么特点？
7．齿轮传动有哪几种类型？
8．螺旋传动是如何组成的？有哪些用处？
9．螺纹连接件有哪些形式？更换原则是什么？

第二单元　眼镜片加工工艺及镀膜工艺知识

一、光学眼镜片毛坯加工

目前大批量光学眼镜片毛坯加工，主要采用玻璃连熔工艺，其工艺流程为配料、熔炼、压型、退火和检验。

（一）配料

配料是一个重要工序，是保证折射率稳定及玻璃均匀的关键环节。各种原料准确称量后，在 V 型混料机中混合均匀后备用。

（二）熔炼

熔炼包括熔化、澄清、调整均匀、分配工序。

分配工序是为压型提供一个稳定的玻璃液流，玻璃有精确控制温度的供料管流出，经特制的剪刀剪切成一定重量的料滴。

（三）自动压型

有供料管流出的料滴落入模具，经自动压型机压制成镜片毛坯。

（四）退火

镜片压制后经取出装置使镜片离模后，经传送带进入网带退火炉，按规定要求进行退火，以消除应力。

（五）检测

镜片毛坯退火后，进行各项质量检测，合格后方能出厂。

二、光学眼镜片冷加工工艺

光学眼镜片冷加工工艺包括眼镜片的粗磨、精磨及抛光。

（一）粗磨

1．金刚石磨轮铣磨工艺：在球面铣磨机上，用金刚石磨轮铣磨加工，使球面零件达到规定的曲率半径和表面粗糙度。铣磨加工时，磨头上安装金刚石磨轮，工件轴上安装工件，各自转动，经铣磨得到所需曲率的球面。球面铣磨的示意图见图 1-1-4。

2．面磨片研磨：面磨片是采用金刚石微粉为磨料，加工成整块带弯度的面磨片，使用时将面磨片粘结在预先准备好的磨具上并经过修正达到规定的使用要求。

面磨片研磨多用于眼镜片的粗磨，在高速精磨机上进行磨削，加工时磨具与玻璃毛坯相对研磨而成型。

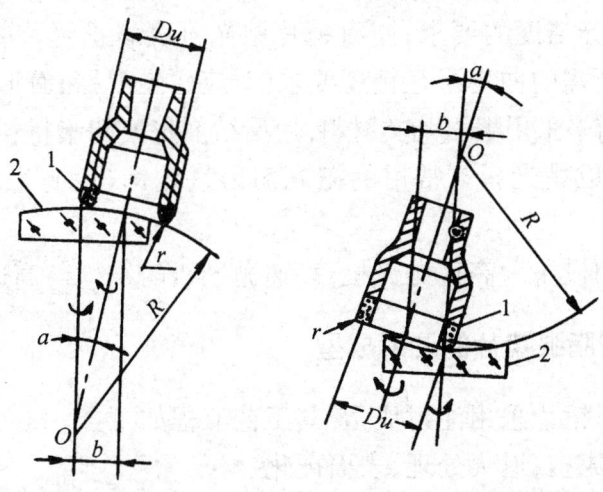

图 1-1-4 铣磨球面

(二) 精磨

精磨是粗磨和抛光之间的一道工艺,通过精磨进一步改善眼镜片表面的曲率和表面粗糙度等。

大批量眼镜片精磨加工多采用高速精磨。高速精磨的磨具是用金刚石微粉和结合剂烧结成的金刚石丸片,按一定规律粘结在磨具基体上,制作成精磨盘,精磨盘经修整后达到所需的曲率半径后即成高速镜磨的磨具。眼镜片精磨的设备为高速精磨机。高速精磨的磨具示意图见图 1-1-5。

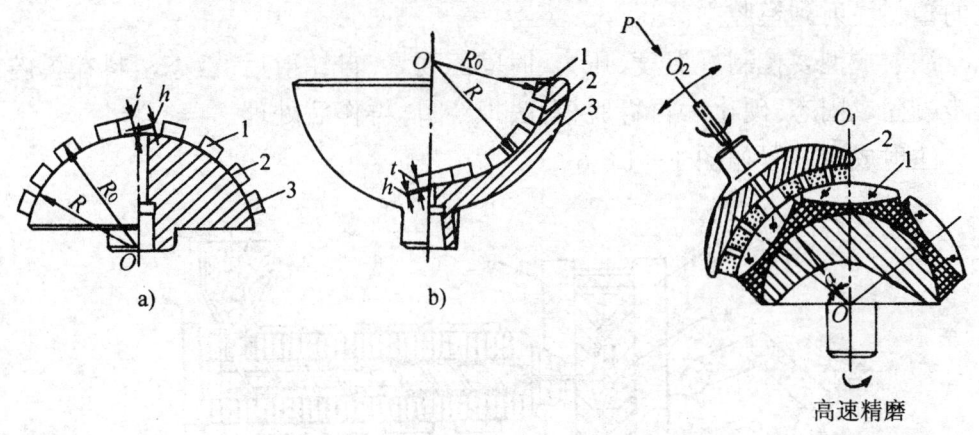

图 1-1-5 精磨磨具

1—精磨片; 2—粘结胶; 3—磨具基体

(三) 抛光

抛光的目的是去掉精磨后的镜片表面的凹凸层、裂纹层,使镜片表面透明光滑,达到表面光洁度的要求;同时镜片抛光再次修正镜片表面的几何形状,达到技术要求所需的曲率半径精度要求(对应屈光度)和面形要求。

抛光片目前多采用聚氨酯类材料,用粘结剂将聚酯脂材料粘贴在事先准备好的基模上,制成抛光模。常用的抛光剂为氧化铈(也有采用氧化铁为抛光剂)。

镜片抛光的设备为高速抛光机,高速抛光机的结构与高速精磨机相同。

三、光学树脂眼镜片的注射成型

光学树脂眼镜片采用注射成型,其工艺流程如下:
准备、注射成型、退火处理、表面硬化。

(一) 准备

1. 模具:采用玻璃或金属材料,其型腔即为所要求的光学零件的尺寸,腔壁要很光滑,直浇口易于注满模腔。

2. 材料:常用光学塑料有聚甲丙烯酸甲酯(PMMA)、聚苯乙烯(PS)、聚碳酸酯(PC)、烯丙基二甘醇碳酸酯(CR-39)等,在使用前需经过干燥处理,以免注射成型时水气起泡,影响零件质量。

(二) 注射成型

在塑料注射机上将加热熔化的塑料注射到模腔中,或用手工注射器将液化的塑料注射到模腔中。

注射成型要控制好温度、压力、时间三要素,自注射后,液态塑料在模腔内逐步凝固成固态,硬化后再行脱模,去掉浇口,再作后处理。

注射成型装置如图1-1-6。

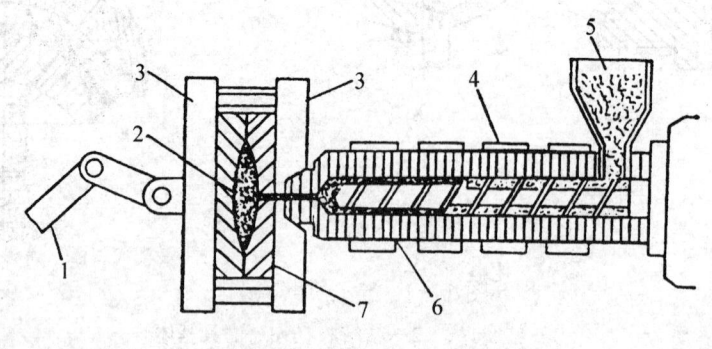

图1-1-6 注射成型

(三) 退火处理

为了消除光学塑料在注射成型过程中存在的残余应力,工件需进行退火处理,退火温度及退火时间按光学零件所用的塑料及尺寸情况而定。

（四）表面硬化

为提高光学树脂眼镜片的表面硬度，需涂覆耐磨层，某些有机硅涂料，可以提高眼镜片表面硬度。

四、眼镜片镀膜工艺

（一）膜层的种类

增透膜　使反射光减弱，透射光增大。

反射膜　光线在膜上大部或接近全部地反射出去。

分光膜　投射到膜层上的光线按一定的比例分成反射和透射光束。

滤光膜　允许某种指定的单色光透过或反射。

偏振膜　允许光线的某方向分量通过而阻止另一方向另一分量通过。

（二）镀膜方法

1. 真空镀膜

眼镜片的镀膜工艺设备为真空镀膜机，利用真空条件下，加热金属或介质（如金、银、铝、氧化镁、硫化锌等）达到一定温度时，被加热的金属或介质分子从本体溢出而成蒸汽，蒸发的分子射向四面八方。当凝聚在被镀零件上，就形成所需的膜层。

2. 化学镀膜

用化学反应的方法，在光学零件表面获得膜层。用酸蚀法镀增透膜，用还原法镀反射膜等。硅酸乙酯镀增透膜，把光学零件固定在主轴上，转动，然后滴上硅酸乙酯溶液，由于离心作用，零件表面生成一层正硅酸膜，该膜层使反射系数由原来的 4.21% 降至 1.51%。显然增透效果明显，双层、三层膜的效果更好。

五、复曲面眼镜片制造工艺

（一）复曲面眼镜片

若一个平柱透镜 +2.00D.C.×180°，将平的一面弯曲做成 -6.00D.S. 的球面，那么原先的柱面在水平内为 +6.00D.C.。在垂直面内为 +8.00D.C.，这个弯曲柱面叫复曲面，这种透镜称为复曲面透镜（环曲面），又称球柱透镜，也就是眼镜片中的散光镜片。如果复曲面在透镜的前表面，是外散镜片；复曲面在透镜的内表面上是内散镜片，目前散光镜片多为内散。

如果将某一曲率半径的圆弧绕与圆弧同平面内的轴旋转，圆弧所得轨迹为一环形曲面，就是复曲面。复曲面在互相垂直的两个平面的曲率是不同的。

（二）复曲面加工

复曲面透镜加工的专用机床是根据其形成复曲面原理设计的。复曲面加工有以下特点：

1．模具：复曲面加工中的模具表面曲率在相互垂直的两个方向上是不同的。

2．机床：复曲面加工均在专用机床上进行，其效率高，精度高。

3．磨削运动：被加工工件表面与模具在某个固定方向上相对运动，以完成磨削加工。

练习题

1．光学眼镜片的毛坯是如何制得的？
2．光学眼镜片粗磨工艺有哪两种？
3．光学眼镜片精磨工艺的磨具如何制作？
4．光学零件注塑成形工艺过程是怎样的？
5．光学零件膜层的种类有哪些？其作用如何？真空镀膜、化学镀膜的原理是什么？
6．什么是复曲面？复曲面加工有何特点？

第二节　眼镜商品知识

一、眼镜架概述

（一）眼镜架各部位名称

眼镜架各部位名称，如图 1-2-1 所示。

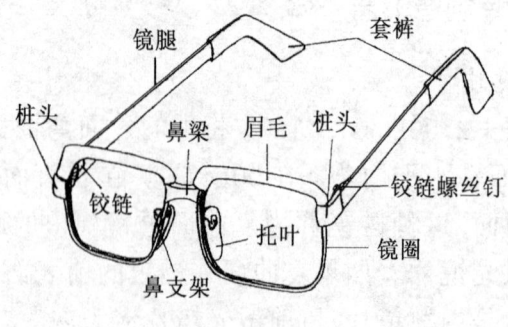

图 1-2-1

(二) 眼镜架的规格尺寸

眼镜架的规格尺寸是由镜圈、鼻梁和镜腿三部分组成。每部分的规格尺寸又分单数和双数两种。镜圈尺寸单数为 33～59mm，双数为 34～60mm，鼻梁尺寸单数为 13～21mm，双数为 14～22mm，镜腿尺寸单数为 125～155mm，双数为 126～156mm。

(三) 眼镜架规格尺寸的表示方法

一般，眼镜架规格尺寸的表示方法采用方框法或基准线法两种形式。

1. 方框法：

方框法是指在镜圈内缘(亦可用左眼镜片或右眼镜片的外形来表示)的水平方向和垂直方向的最外缘处分别作水平和垂直方向的切线，由水平和垂直切线所围成的方框，称为方框法。左右眼镜片在水平方向的最大尺寸为镜圈尺寸，左右眼镜片边缘之间最短的距离为鼻梁尺寸，如图 1-2-2 所示。

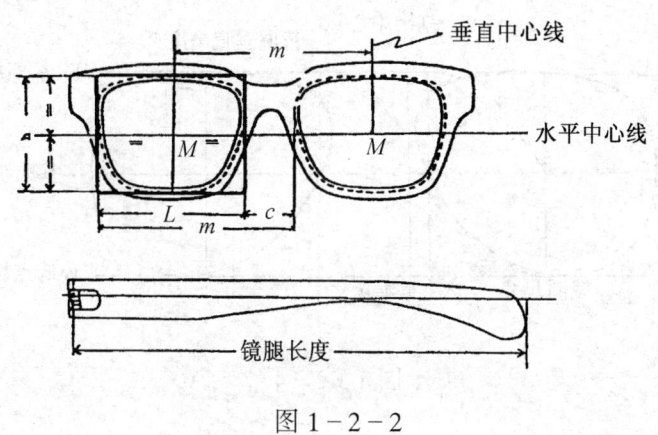

图 1-2-2

水平中心线：镜片外切两水平线之间的等分线。
垂直中心线：镜片外切两垂直线之间的等分线。
L：镜圈尺寸（左右眼镜片外切两垂直线间距离）。
h：镜圈高度（左右眼镜片外切两水平线间距离）。
c：鼻梁尺寸（左右眼镜片边缘之间最短的距离）。
m：镜架几何中心间距离。
M：镜圈几何中心点。

眼镜架的规格尺寸通常均表示在镜腿的内侧，如图 1-2-3 所示。

图中标有"□"记号时表示采用方框法，图中 56 代表镜圈尺寸，14 代表鼻梁尺寸，140 代表镜腿长度。一般大部分镜架采用方框法来表示。

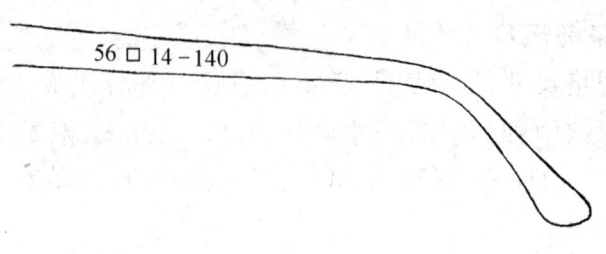

图 1-2-3

2. 基准线法：

基准线法是指在镜圈内缘(即左右眼镜片外形)的最高点和最低点做水平切线,取垂直方向上的等分线为中心点再做平行于水平切线的连线(即通过左右眼镜片几何中心的连线)作为基准线,上述方法也是基准线的测量方法。如图 1-2-4 所示。

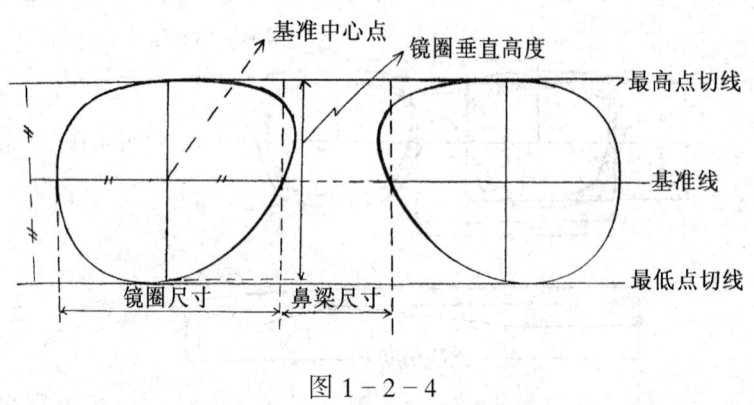

图 1-2-4

一般进口镜架或一些高档镜架多采用基准线法来表示。同时,也标记在镜腿的内侧,如图 1-2-5 所示。

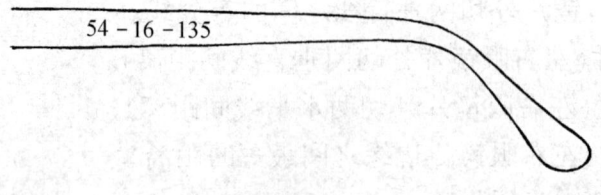

图 1-2-5

图中标有"—"记号时表示采用基准线法,图中 54 代表镜圈尺寸,16 代表鼻梁尺寸,135 代表镜腿长度。

(四）眼镜架材料

用于制造镜架的材料大致可分为金属材料、非金属材料和天然材料等三大类。

1. 金属材料

目前,用于镜架的金属材料有铜合金、镍合金和贵金属三大类。要求所使用的材料具有一定的硬度、柔软性、弹性、耐磨性、耐腐蚀性、重量和光泽、色泽等。因此,用来制作镜架的金属材料几乎都是采用合金或在金属表面进行加工处理后才被使用。

（1）铜合金

一般铜及铜合金的耐腐蚀性较差,易生锈。但成本较低、易加工。经表面加工处理后,常用于低档镜架。常用铜合金的性能特点及用途如表1-2-1所示。

表1-2-1 常用铜合金的性能特点及用途表

名 称	成 分	性能特点及用途
锌白铜（洋白或洋银）	铜 64%、镍 18%、锌 18%	密度8.8,耐酸性,弹性好,成本低,易加工,易生锈呈铜绿色 低档镜架
黄铜（铜锌合金）	铜 63%～65%、锌 35%～37%	呈黄色,易切削加工,易变色 低档镜架,鼻托芯子
铜镍锌锡合金	铜 62%、镍 23%、锌 13%、锡 2%	弹性好 鼻梁、镜腿
青铜（铜锡合金）	主要含铜锡、少量锌、磷	弹性、耐磨性、大气中抗腐蚀性好,但加工困难,对酸类物质抗腐蚀性差,价格较高 弹簧、镜圈

（2）镍合金

一般镍合金的耐腐蚀性比较好,且不易生锈,其机械性能也好于铜合金。所以,金属镜架采用镍合金材料较多。在金属镜架中属中、高档产品。常见镍合金材料的性能特点和用途如表1-2-2所示。

（3）钛及钛合金

纯钛是一种银白色的金属。密度为4.5,重量轻为其最大的特点,且具有很高的强度,耐腐蚀性和良好的可塑性。一般用于镜架材料的钛合金有钛铝、钛钒和钛锆等。其弹性和抗腐蚀性更好。在金属镜架中属中、高档产品。从80年代初开始钛材镜架的研制开发主要是日本等少数国家,到目前已逐渐解决了切削、抛光、焊接和电镀等加工难题,使钛材镜架趋于基本普及。

表 1-2-2　常见镍合金材料的性能特点和用途表

名　称	成　分	性能特点及用途
蒙耐尔合金(镍铜合金)	镍 63%～67%、铜 28%～31%、少量铁、锰等	密度8.9、不含铬、强度、弹性、耐腐蚀性和焊接抗拉性均很好 中档镜架、镜圈
高镍合金(镍铬合金)	镍84%、铬12.5%、银12.5%、铜1%、其他微量元素等	密度8.67、比蒙耐尔合金的强度、弹性和耐腐蚀性更好 进口、国产高档镜架
不锈钢(镍铬合金)	铁 70%、铬 18%、镍 8%、其他元素 0.1%～0.3%左右	弹性,耐腐蚀性很好,但强度差、焊接加工困难、镜腿、螺丝、包金镜架基体材料还含1～1.5%的铅元素

一般钛材镜架的表示符号为 Ti-P 或 TiTAN,该标记表明除鼻支架、铰链和螺丝外,其他部分是由钛材来制作。Ti-C 符号表示镜架的一部分由钛材制作。

(4) 金及其合金

纯金呈黄色,密度为 19.3 是最重的金属之一,在大气中不会被腐蚀氧化。金比银柔软,有很好的延展性,故一般不用纯金做镜架材料,而采用金与银、铜等合金。合金的含金量一般用"K"来表示。24K 是 100% 的纯金,镜架材料多采用 K18、K14 和 K12 金的合金。

(5) 白金

即金合金的一种。镜架材料多采用 K14 的白金,其组成为含纯金量 58.3%、镍 17%、锌 5% 和铜 16% 等。

(6) 铂及铂金族

纯铂和金、银一样柔软,一般与其他铂金元素合成合金来使用。铂金元素有:铂、钯、铱、锇、铑和钌等,以上元素统称铂金族。镜架采用铂铱合金,其密度较大,铑和钯多用于金属镜架的电镀材料。

(7) 包金

又称碾金,是在基体金属外包一层 K 金。使其具有金的性质,以造价低廉为特点。因此,多被高档镜架所采用。包金架的基体材料一般使用白铜、黄铜、镍和金合金等,常用的包金架主要有 K18、K14、K12、和 K10 等。包金镜架的表示方法有两种。即金含量重量比在 1/20 以上时,用 GF 表示,在 1/20 以下时,用 RGP 表示。

例如：

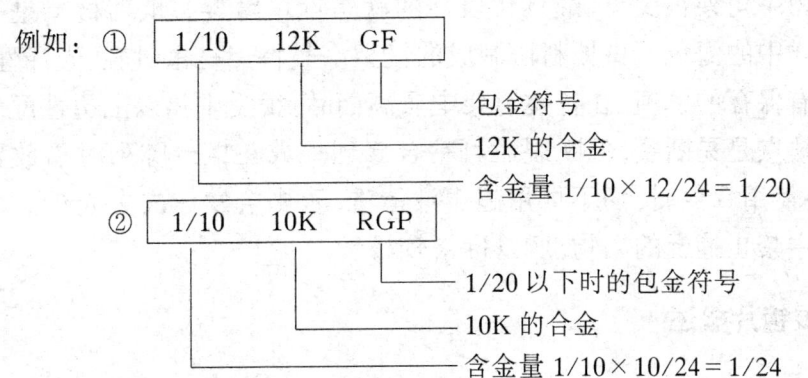

2．非金属材料

一般用来制造镜架的非金属材料主要采用合成树脂为原材料,大致可分为热塑性和热固性树脂两大类。常见树脂材料的性能特点如表1-2-3所示。

表1-2-3 常见树脂材料的性能特点表

材料名称	组 成	特 性
醋酸纤维（热塑性）	由醋酸纤维素、可塑剂、着色剂、安定剂和润滑剂等合成 有板材和注塑架两种	密度1.28~1.32。难燃烧。在紫外线照射下不易变色。透明性、光泽性、着色性、吸收性、尺寸稳定性、加工成形性和耐冲击性良好。复原性略小
丙酸纤维（热塑性）	由丙酸纤维素、添加少量可塑剂、着色剂和安定剂等合成 注塑架、进口塑料架较多	密度1.22,难燃烧、不易变色、耐气温、耐冲击性、自身柔软性、尺寸稳定性、加工成形性良好
环氧树脂（热固性）	由环氧树脂加适量固化剂反应而成 属热固性树脂,但加热至一定温度时又具有热塑性 高档及名牌塑料架较多	密度小,比醋酸纤维轻20%~30%,着色性、尺寸稳定性好,收缩性差,装片加工时镜片要稍大一些,加热温度≥80℃,一般需100~120℃,耐热性极佳,可加热至200℃。硬度强、光泽性好,强度大,镜腿无需加金属芯。冷却状态下局部弯曲时易折断
碳素纤维（热塑性）	碳素纤维强化合成树脂	密度1.23~1.28,加热温度100℃~130℃,强度大、耐热性、耐腐蚀性、弹性特优
尼龙（热塑性）	又名聚酰胺 适合运动员和儿童镜架	密度1.14~1.15,白色不透明、强度大、耐热性、耐冲击性、耐磨性、耐溶剂性和自身润滑性优良,吸水性略大,尺寸稳定性差

3．天然材料

用于制作眼镜架的天然材料有特殊木材、动物牛角和玳瑁材料等。一般木质镜架和牛角架很少见,最具代表性的就是玳瑁镜架。玳瑁材料是采用产于热带海洋中的海龟壳做原料而制成的镜架。其特点是重量轻、光泽性好,经久耐用具有保存的价值,在各类镜架中属高档品,很受中年以上男性配戴者的欢迎。其缺点是易断裂,但断裂后可粘合修理。放在柜台陈列时需放置水以防干燥,在使用保养时,切不可用超声波清洗,否则会发白失去光泽。由于玳瑁是海洋中禁止捕捉的动物,所以价格较昂贵。

二、眼镜片概述

(一) 眼镜片的分类

目前,市场上眼镜片的品牌和品种繁多,通常可根据其材料、结构和用途来分类。(如表1-2-4所示)。

表1-2-4 眼镜片品种表

材料		玻璃镜片	树脂镜片	水晶石镜片
结构	单光镜片	球镜、球柱镜、柱镜		
	多焦点镜片	双光镜片、三光镜片、渐进多焦点镜片		
用途	矫正视力用镜片	近视、远视、散光镜片、老视镜片、三棱镜镜片		
	护目镜片	有色镜片、偏光镜片、UV吸收紫外线镜片、IR吸收红外线镜片		

(二) 玻璃镜片

1. 玻璃材料及其性能

眼镜玻璃材料主要是由二氧化硅、氧化钠、氧化钾、氧化钙和氧化钡等多种氧化物组合而成。分普通玻璃和光学玻璃两种。普通玻璃的基础成分属钠钙硅酸盐系统。光学玻璃的基础成分属钾、钡硅酸盐系统。有无色和有色光学玻璃之分。通常按无色光学玻璃的折射率和阿贝数的大小将光学玻璃划分为冕牌玻璃和火石玻璃两大类。用冕牌玻璃制成的镜片有光学白片、克罗克斯镜片、克鲁赛脱镜片、有色镜片和变色镜片等。火石玻璃多用于磨制双光镜片的子镜片和高折射率镜片等。

眼镜玻璃的性能要求不同于其他玻璃产品,主要是以光学性能和理化性能等为主。光学性能主要有折射率、色散系数和光透比等,理化性能主要有密度和化学稳定性等。

(1) 折射率:一般冕牌玻璃的折射率在1.49~1.53之间,火石玻璃的折射率在1.60~1.806左右。折射率的大小可用来衡量镜片的厚薄。即折射率越高,镜片就越薄。同时,它也是决定镜片屈光度的重要光学参数之一。

(2) 色散系数：在镜片中，通常应用色散系数的倒数，亦称阿贝数。阿贝数的大小可用来衡量镜片成像的清晰程度。即阿贝数越大，色散就越小，则成像的清晰程度就越好。但折射率越高，阿贝数相对变小。一般冕牌玻璃的阿贝数在55以上，而火石玻璃的阿贝数在50以下。

(3) 光透比：光透比可用来衡量镜片视物的清晰程度，即光透比越高，视物就越清晰，一般要求无色光学玻璃对可见光的光透比在91%以上，火石玻璃的光透比在87%左右。

(4) 密度：眼镜玻璃的密度均比较大。一般冕牌玻璃的密度为2.54，火石玻璃的密度为3.6。而且随着折射率的增加，密度也增加，同时，阿贝数在减小。因此，折射率高，镜片薄；阿贝数大，镜片边缘色散小；密度小，镜片轻是较为理想的眼镜片。

(5) 化学稳定性：一般是指镜片在加工或使用过程中对水、酸、碱溶液以及抛光剂等化学物质的耐腐蚀能力。因为这些化学物质均能与玻璃发生作用，使镜片发霉、表面光洁度发生变化等，影响使用寿命。

2．玻璃镜片的性能特点

(1) 普通玻璃镜片

普通玻璃镜片有白片、克斯片和克赛片。其性能特点见下表1-2-5所示。

表1-2-5　眼镜片分类表

名称/性能特点	主要成分	色泽	折射率	色散系数	光透比	吸收紫外线
白片	钠钙硅酸盐	无色	1.510	56	≥89%	280nm以下
克斯片	白片基础成分+氧化铈	浅蓝色	1.510	≥55	≥85%	300nm以下
克赛片	白片基础成分+氧化硒	浅粉红色	1.510	≥55	≥85%	300nm以下

(2) 光学玻璃镜片

光学玻璃镜片有光学白片、UV光学白片、光学克赛片和光学克斯片等。其性能特点如表1-2-6所示。

(3) 光致变色玻璃镜片

简称变色片。是在无色或有色光学玻璃基础成分中添加卤化银等化合物，使镜片受到紫外线照射后分解成银和卤素，镜片颜色由浅变深。反之，当光线变暗时，银和卤素相结合，使镜片的颜色又回到原来的无色或有基色的状态。变色镜片有茶变和灰变片两种，其特点是即可做矫正视力用镜片，又可做太阳眼镜,适合野外工作者配戴。

表1-2-6 光学玻璃镜片性能特点表

名称/性能特点	主要成分	色泽	折射率	色散系数	光透比	吸收紫外线
光学白片	钾钡硅酸盐	无色	1.531	60.5	≥91%	无
UV光学白片	光白基础成分+钛、铈氧化物	无色	1.523	58.7	≥91%	330nm以下
光学克斯片(光克片)	钡冕玻璃基础成分+铈、钕、镨氧化物	在白炽灯下呈浅紫红色;在日光灯下呈浅青蓝色	1.523	≥56	≥84%	340nm以下
光学克赛片(光赛片)	钡冕玻璃基础成分+锰、铈氧化物	浅粉红色	1.523	≥56	≥86%	350nm以下

(4)有色玻璃镜片

有色玻璃镜片是在无色光学玻璃中加入各种着色剂使玻璃呈现不同颜色,并对各种不同的单色光有选择性地吸收或滤过。其目的主要是用来作遮光和各种防护目镜,使眼睛不受有害射线以及风沙、化学药品、有毒气体等的侵害,起到保护眼睛的作用。常见有色玻璃镜片的特点和用途如表1-2-7所示。

表1-2-7 有色玻璃镜片的特点和用途表

名称	着色剂	特点及用途
灰色	钴、铜、铁、镍等氧化物	均匀吸收光谱线、吸收紫外线、红外线 太阳镜、驾驶员配戴
绿色	钴、铜、铬、铁、铈等氧化物	吸收紫外线、红外线 护目镜(气焊、电焊、氩弧焊)
蓝色	钴、铁、铜、锰等氧化物	防眩光、护目镜(高温炉窑)
红色	硒化镉、硫化镉	防荧光刺眼 护目镜(医务X光)
黄色	硫化镉和铈、钛等氧化物	吸收紫外线 夜视镜或驾驶员阴雨、雾天配戴

(5)高折射率镜片

又称"超薄镜片"。国产超薄镜片大都采用折射率1.7035,密度3.028,阿贝数41.6的钡火石光学玻璃材料。它与冕牌玻璃材料磨制出的镜片相比,在同等屈光度条件下,其镜片的弯度要浅一些,镜片的厚度要薄约1/5,特别适合高度屈光不正者配戴。一般高折射率玻璃材料中含氧化铅较高,则密度较大,同时阿贝数也较小,在镜片边缘易产生色散现象等缺点。目前,高折射率玻璃中已采用添加氧化钛等取代氧化铅的方法,从而达到降低密度和提高阿贝数的目的。

(6) 镀膜玻璃镜片

镀膜玻璃镜片是指在各种光学玻璃镜片的表面上采用真空镀膜的方法镀上相应的减反射膜,以消除镜片表面的反射光,增加镜片的透光率,配戴起来更加清晰可见,舒适美观。常用的镀膜材料为氟化镁,折射率为1.38,并具有良好的耐磨性和稳定的物理化学性能。经镀膜后,镜片的透光率可由原来的91%提高到98%左右。镀膜镜片有单层镀膜片和多层镀膜片两种,多层镀膜镜片可镀有多层减反射膜、憎水膜(防水防雾)等不同功能的膜层,以增加镜片表面减反射的效果,同时也增加膜层的耐用性和实用性。

(三) 光学树脂材料

1. 光学树脂材料及其性能

用来制造眼镜片的树脂材料是由高分子有机化合物,经模压浇铸成型或注塑成型制成的光学树脂材料。树脂材料可分为热固性和热塑性树脂两种。常用的光学树脂材料有丙烯基二甘醇碳酸酯(CR-39)、聚甲基丙烯酸甲酯(PMMA)和聚碳酸酯(PC)三大类。CR-39树脂材料属热固性树脂,采用模压浇铸成型法制造;PMMA和PC树脂材料属热塑性树脂,采用注塑成型法制造。目前,矫正视力用树脂镜片大都采用CR-39树脂材料,该树脂材料是1942年由美国PPG公司哥伦比亚研究所研制开发,故称"哥伦比亚39"树脂。光学树脂材料的性能如表1-2-8所示。

表1-2-8 光学树脂材料镜片性能

性能/种类	CR-39	PMMA	PC	性能特点比较
折射率(n_e)	1.498	1.491	1.586	PC>CR-39>PMMA
阿贝数(v_e)	57.8	57.6	29.9	CR-39>PMMA>PC
光透比(%)	89~92	92	85~91	基本相同,PC略差
密度	1.32	1.19	1.20	CR-39>PC>PMMA
耐磨性(H)	4H	2H	B	CR-39>PMMA>PC
耐冲击性(kg-cm/cm^2)	2.4	5.6	92	PC>PMMA>CR-39
耐热性(℃)	>210	118	153	CR-39>PC>PMMA

2. 光学树脂材料的用途、特点

(1) 特点

光学树脂材料用来制造眼镜片的最大特点是重量轻,约为玻璃镜片的一半,其次是抗冲击性强,比玻璃高10倍,安全性好,化学稳定性好、透光度好、有极佳的着色性,可染成各种颜色以及具有吸收紫外线和成形加工性好等。其最大的缺点是硬度低,易划痕以及耐热性能差、易变形和镜片的厚薄比玻璃镜片厚。但为减少镜片边缘厚度,目前,市场上又推出了折射率为1.56~1.71的树脂镜片。一般按折射率来分,折射率为1.56的镜片称"中折"树脂镜片,折射率为1.60以上的镜片称高折射率树脂镜片。

(2) 用途

光学树脂材料的用途可按材料来分,见下表1-2-9所示。

表1-2-9 光学树脂材料镜片的用途表

材料名称	用途
CR-39	矫正视力用镜片、太阳镜镜片、偏光镜片、白内障镜片
PMMA	太阳镜镜片、角膜接触镜
PC	工业用护目镜、偏光镜片、体育运动用镜片

3. 光学树脂镜片的表面处理

如上所述,光学树脂镜片除具有各种优点之外,其最大的缺点是表面硬度差易划痕,因此,需对其表面进行各种处理。常见的表面处理有加硬膜、多层防反射膜和加硬多层防反射膜处理等。加硬膜处理的目的是增加镜片表面的硬度,使其接近玻璃的硬度;防反射膜处理的目的是增加可见光的透光率和防紫外线的性能。另外,在其表面还进行缓冲膜处理以保持和增强其抗冲击性能,以及憎水膜处理,用来提高镜片表面防水防雾的能力等。

(四) 水晶石材料

水晶石是一种天然透明的石英结晶体,主要成分为二氧化硅,其折射率和密度略高于光学玻璃。水晶的特点是硬度高、耐高温、耐摩擦、不易潮湿以及重量较重和研磨加工困难等。用水晶石材料磨制成的眼镜片称"水晶石镜片",常用的有天然水晶石和人工水晶石两种。每种按颜色又可分为白水晶和茶水晶两种。由于水晶石中多含有各种杂质,棉状或冰冻状花纹等,所以,其光学性能远不如光学玻璃优良。目前,已逐渐被光学玻璃或光学树脂材料所代替。

思考题

1. 用来制造眼镜架的材料分几种?

2．蒙耐尔合金和高镍合金各有什么特点？有什么不同？

3．钛材镜架有哪些特点？

4．K18金合金中，纯金的含量是多少？

5．下列符号各代表什么金属材料？

（1）Ti-P或TITAN；（2）K14；（3）GF；（4）RGP。

6．醋酸纤维和丙酸纤维材料各有什么特点？

7．环氧树脂材料的特点是什么？

8．光学玻璃材料是怎样进行划分的？

9．在光学玻璃性能中，折射率和色散系数各有什么意义？

10．化学稳定性指的是什么？

11．什么是有色玻璃镜片？

12．高折射率镜片有什么特点？

13．CR-39光学树脂镜片有什么优缺点？

14．光学树脂镜片表面处理都有哪些？各有什么作用？

（一）发光体和发光点

第三节 几何光学知识

光是一种电磁波，具有波动和微粒两重性。几何光学是撇开光的波动性，仅以光的直线传播性质为基础，研究光在透明介质中的传播问题。

第一单元 基本概念

一、光的基本性质

所有本身能发光的物体，称为发光体或光源。如太阳、电灯。不考虑发光体的大小时，可将其视为发光点或点光源，以下讨论中提到的光源，即常指点光源。

（二）光波和光速

光作为一种电磁波，有一定的波长，故又称光波。人眼可见的光波称为可见光，其波长范围为380～760nm，在电磁波谱中的位置见图1-3-1。在可见光区域之外的两端为紫外光区（小于380nm一端）和红外光区（大于760nm一端），人眼不能见。单一波长的光具有特定的颜色，称为单色光。几种单色光混合后产生的光称为复色光。阳光即是一种复色光。

不同波长的光波在真空中均以完全相同的速度传播,每秒为30万千米。光波在不同密度介质中的传播速度不同,均比在真空中要小。如空气中的光速较小,但近似于真空中的光速。

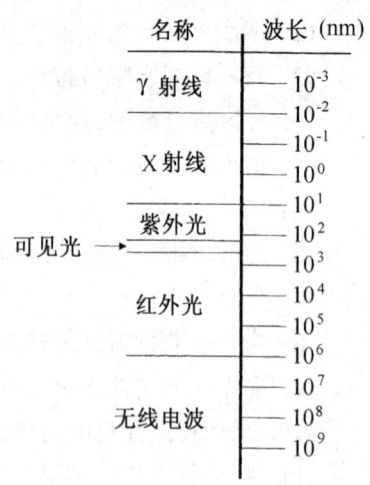

图1-3-1 可见光在电磁波谱中的位置

（三）光线和光束

几何光学在研究光的传播时,并不把光当作电磁波来研究波动的能量传播问题,而只看作是简单的光线传播,即把"光线"看成是无直径、无体积、有一定方向的几何线条,用来表示光能传播的方向。

有一定关系的一些光线集合起来,称为光束。由一发光点发出的光束,称为发散光束。所有光线会聚于一点的光束,称为会聚光束。发光点或会聚点在无穷远时,光束中的所有光线互相平行,称为平行光束。这些都属于同心光束。而当光束中的光线既不相交于一点又不互相平行时,称为像散光束。见图1-3-2。

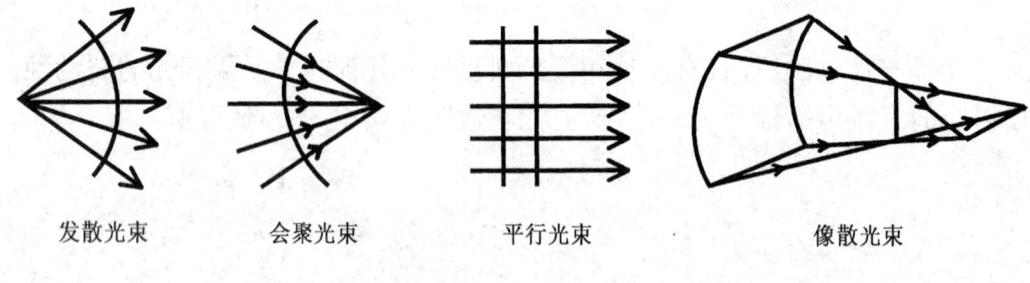

发散光束　　会聚光束　　平行光束　　像散光束

图1-3-2 光束

二、光的基本定律和原理

（一）直线传播定律

1. 定律:在均匀介质中,光是沿着直线传播的。

2. 注意:本定律只在一定条件下成立,如:在不均匀的介质中光线将发生弯曲;光线遇到直径接近光波波长的小孔时将发生衍射现象而偏离直线。

（二）独立传播定律

1. 定律:来自不同方向的光线相遇时互不影响,仍朝各自的方向前进。

2. 注意:本定律只适用于不同光源发出的光。如光线自同一光源发出后分为两束光,传播后相交,可发生干涉现象。

(三) 反射定律和折射定律

1．名词解释：

(1) 入射光线:指从光源投向分界面上光线投射点之间的一段光线。

(2) 反射光线:指一束光线到达两种介质的分界面时,从分界面反射回到原来介质的一部分光线。

(3) 折射光线:指一束光线到达两种介质的分界面时,通过分界面射入第二种介质的一部分光线。

(4) 法线:在光线投射点与分界面垂直的直线。

(5) 入射角:指入射光线与法线之间的夹角。

(6) 反射角:指反射光线与法线之间的夹角。

(7) 折射角:指折射光线与法线之间的夹角。见图 1-3-3。

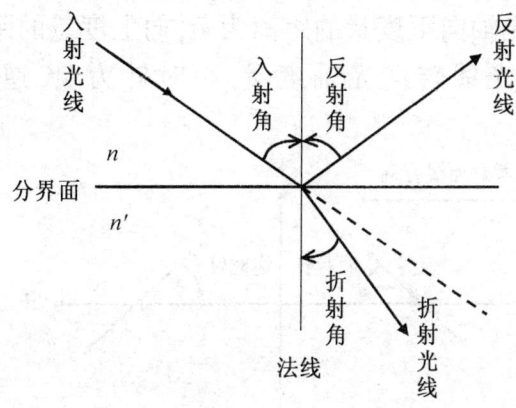

图 1-3-3　反射定律与折射定律

2．反射定律:入射光线与反射光线分居法线两侧,且与法线在同一平面内,入射角等于反射角。即

$$I = I'　　　　　　　　(1-3-1)$$

3．折射定律:入射线、折射线与法线在同一平面内,入射角正弦与折射角正弦之比,等于第二种介质的折射率(n')与第一种介质的折射率(n)之比。即,

$$\sin I / \sin I' = n'/n　　　　　　　　(1-3-2)$$

(四) 光路可逆原理

沿着一定线路传播的一条光线,可以沿原路从相反方向返回通过发光点。

三、符号规则

(一) 符号

两个相交的球面分别以 C_1 和 C_2 为中心,以 r_1 和 r_2 为半径,通过 C_1 和 C_2 的连线称为光轴,两球面与光轴在 A_1 和 A_2 点相交,称 A_1 为前顶点,A_2 为后顶点。A_1 至 A_2 的距离即该透镜的中心厚度 t。见图1-3-4。

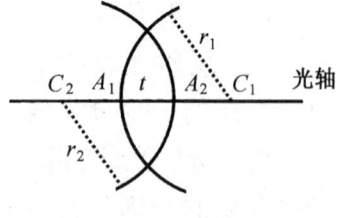

图1-3-4 符号

(二) 光学符号规则

本书采用卡笛生系统(Cartesian),假定所有光线从左至右进行。

1. 所有光线自透镜向左度量的距离为负,向右度量的距离为正。

2. 所有光线自光轴向下度量的距离为负,向上度量的距离为正。

3. 所有角度自光线转向光轴度量,顺时针为负,逆时针为正。见图1-3-5。

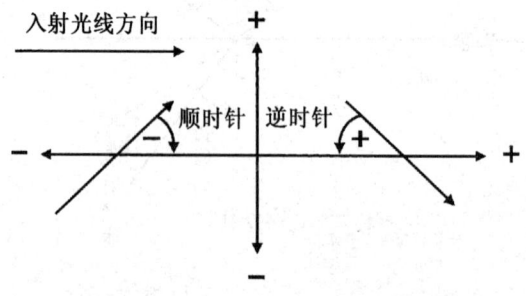

图1-3-5 光学符号规则

第二单元 透镜及成像

一、透镜

(一) 概述

1. 凸透镜和凹透镜

由两个折射面构成的透明介质称为透镜。两个折射面可以都是球面,或者一面是球面,另一面是平面。中央比边缘厚的透镜称为凸透镜,也称正透镜、会聚透镜。中央比边缘薄的透镜称为凹透镜,也称负透镜、发散透镜。见图1-3-6。

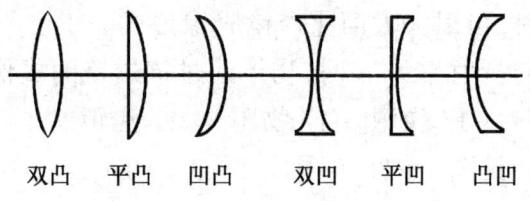

双凸　平凸　凹凸　双凹　平凹　凸凹

图 1-3-6　凸透镜和凹透镜

2．会聚作用和发散作用

在光路中,凸透镜能使平行光线会聚于透镜后一点(F',第二焦点),故又称会聚透镜。凹透镜能使平行光线发散,使光线好象是从透镜前一点(F',第二焦点)发出,故又称发散透镜。见图 1-3-7 和图 1-3-8。

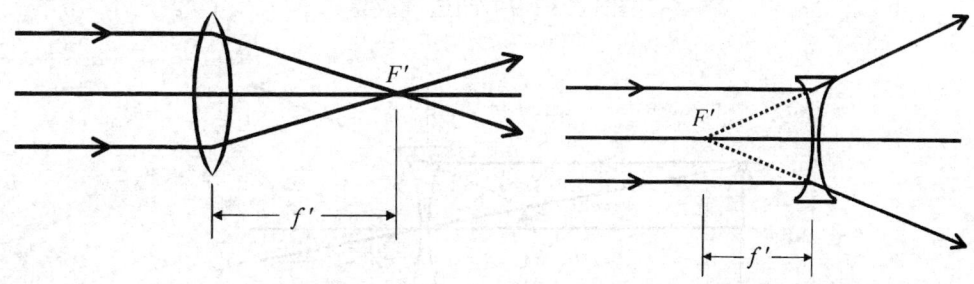

图 1-3-7　凸透镜的会聚作用　　　图 1-3-8　凹透镜的发散作用

(二) 透镜屈光力单位

1．屈光度

透镜屈光力大小的单位为屈光度(Diopter, 简写为 D)。屈光度是以透镜焦距(单位为米)的倒数来表示的。表示式是屈光度 $D=1/f$,其中 f 为焦距(单位为米)。例:焦距 2 米的透镜,其屈光度为 $1/2=0.50D$。

2．屈光度表示法

(1) 1/4 系统:以 1/4D 为间距,保留两位小数　　±0.25D　±0.50D ±0.75D　±1.00D

(2) 1/8 系统:以 1/8D 为间距,保留两位小数　　±0.12D　±0.25D ±0.37D　±0.50D　±0.62D　±0.75D　±0.87D　±1.00D

注意:当 ±0.12D、±0.37D、±0.62D、±0.87D 等相加时应将尾数舍去的"0.005"计算在内,如:0.12+0.12 应为 0.25,而不是 0.24。

二、透镜成像

当透镜的两个折射面为同轴球面,且将透镜的厚度看成接近零(薄透镜)、并透镜置于空气中时,可以大大简化透镜成像公式。

当某一薄透镜的折射率为 n 时,物体通过该透镜的成像关系式为

$$1/像距 - 1/物距 = 1/焦距 \qquad (1-3-3)$$

称为高斯透镜公式。见图 1-3-9 及图 1-3-10。

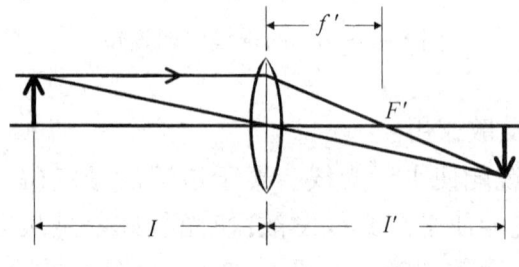

图 1-3-9 凸透镜成像

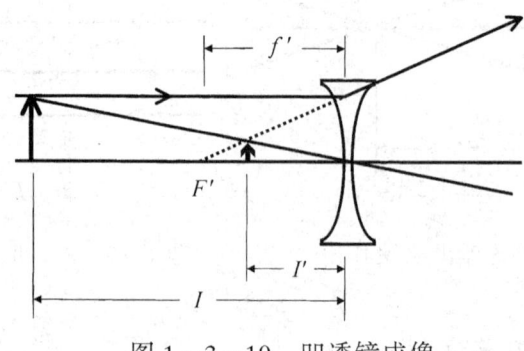

图 1-3-10 凹透镜成像

式中:"像距"为像点至透镜的距离,图中以 I' 表示。

"物距"为物点至透镜的距离,图中以 I 表示。

"焦距"为焦点至透镜的距离,图中以 f' 表示。

例:如果物距和像距分别为 90cm 和 45cm,那么该透镜的焦距是多少?

解 据符号规则,物距 90 为负,像距 45 为正。又据高斯透镜公式,得到:$1/45 - (-1/90) = 1/f$,所以 $f = 30$cm,为正焦距,表示该透镜为正透镜。

第三单元 三 棱 镜

一、棱镜和棱镜效果

(一) 棱镜

1. 定义:两个平面相交形成的三角形透明柱称为棱镜。

2．名词解释：

(1) 棱：两个平面相交的线称为棱，又称顶；

(2) 顶角：两个平面相交的角称为顶角；

(3) 底：与顶角相对的一面称为棱镜的底；

(4) 底顶线：垂直于底和棱的线称为底顶线；

(5) 主切面：与底线和两个平面垂直的切面称为主切面，通常以其代表一个棱镜，见图1-3-11。

(二) 棱镜的光学特性

棱镜能改变光束的方向而不改变其聚散度。

(三) 棱镜的效果

通过棱镜，能使物像看起来向棱镜顶的方向移动。见图1-3-12。

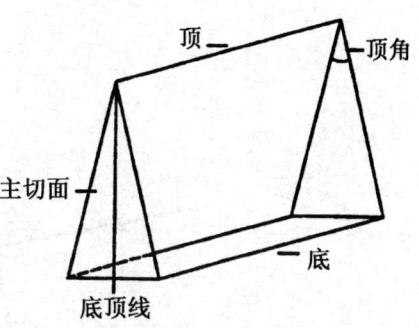

图1-3-11 棱镜

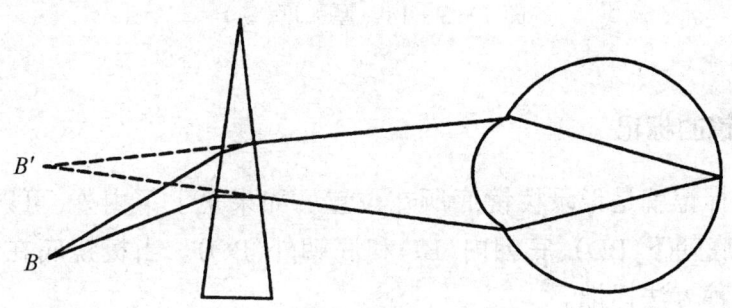

图1-3-12 棱镜的效果

二、棱镜的单位

(一) 棱镜度(△)：是偏向角正切的100倍，见图1-3-13。

$$棱镜度 \quad P^{\triangle} = 100 \times \tan d（其中 d 为偏向角） \quad (1-3-4)$$

$$1^{\triangle} = 0.5729° = 34.376′ \quad 100^{\triangle} = 45°$$

(二) 厘弧度(▽)：是偏向角以弧度为单位时的100倍，即以1弧度的1/100为单位，见图1-3-14。

$$厘弧度 R^{\triangledown} = 1.74533 \times d \quad (1-3-5)$$

$$1^{\triangledown} = 0.57296° = 34.377′ \quad 100^{\triangledown} = 57.296°$$

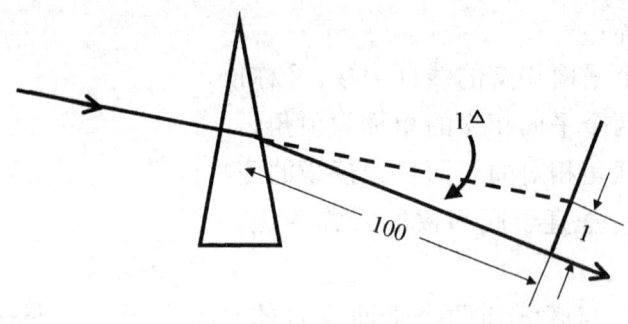

图 1-3-13 棱镜度(△)

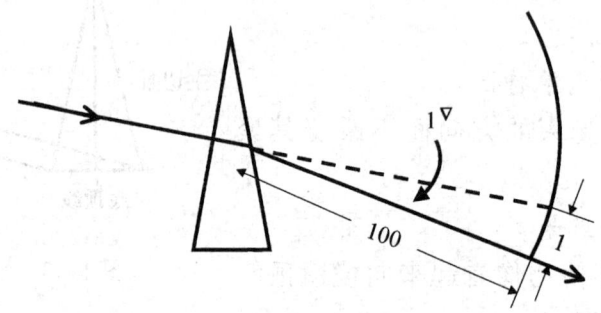

图 1-3-14 厘弧度(▽)

三、棱镜的标记

棱镜的标记就是记录棱镜底所在位置。如果是上下内外,可以标记为底朝上(BU)、底朝下(BD)、底朝内(BI)和底朝外(BO)。当棱镜底在斜方向时,常用下列两种方法标记。

(一)老式英国标记法又称360°底向标示法 将眼分为四个象限:上内、上外、下内、下外。以标准标记法标出棱镜底的方向,见图1-3-15。

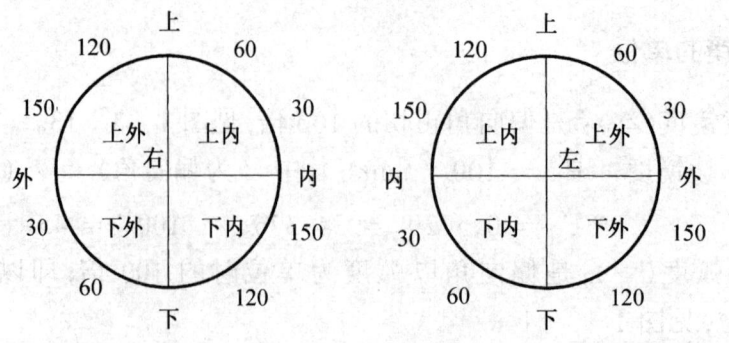

图 1-3-15 老式英国标记法

（二）新式英国标记法　将眼分为上下两个半圆，也以标准标记法标出棱镜底的方向，见图1－3－16。

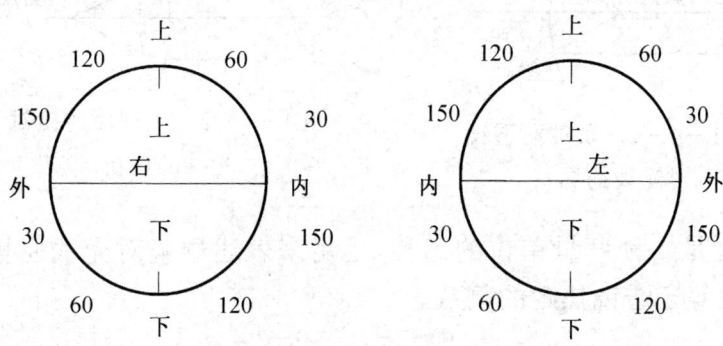

图1－3－16　新式英国标记法

思考题

1．何为法线、入射光线，反射光线和折射光线？
2．简述光线的反射定律和折射定律。
3．试述光线的符号规则。
4．何为透镜会聚作用和发散作用。
5．试述薄透镜的像距、物距和焦距的关系。
6．试述棱镜的光学特性和效果。

第四节　眼镜光学

第一单元　球面透镜、柱面透镜及三棱镜的光学特性

一、球面透镜的光学特性

1．球面透镜屈折光线和聚焦的能力：

从图1－4－1、图1－4－2中不难看出，平行光线a'、b'通过负球面透镜A'发散后反向聚焦于F'；光线a'、b'、c'通过正球面透镜A汇聚后成焦点F。

2．球面透镜各子午线上屈折光线的能力相等：

由于球面透镜各个方向上的曲率半径均相等，所以球面透镜各子午线上屈折光线的能力大小均相等，即在透镜各个方向上具有的顶焦度都是相等的。

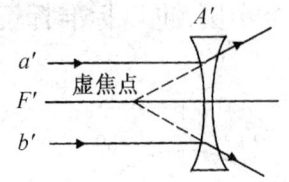 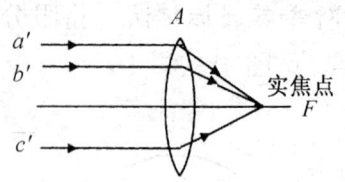

图 1-4-1 负球面透镜对光线的屈折　　图 1-4-2 正球面透镜对光线的屈折

顶焦度:是一种度量单位的名称,是用来表述透镜对光线屈折能力大小的,在数值上等于透镜焦距的倒数。

即: $F = 1/f$ 　　　　　　(1-4-1)

其中 f 为焦距,F 为顶焦度。

顶焦度的单位是屈光度,符号为"D",量纲为 m^{-1}。

球面透镜可以表示为: $-3.00\ D.S.$ 即可矫正三百度近视; $+4.00\ D.S.$ 即可矫正四百度远视。

3. 球面透镜之面镜度:

球面透镜有两个界面,每个界面对入射光线具有屈折能力,各界面对光线屈折的能力用顶焦度来表示就称之为面镜度。

设透镜前面镜度为 F_1,后面镜度为 F_2,r_1,r_2 分别为前后两界面的曲率半径,且折射率为 n 的透镜置于空气中,则有:

$$F_1 = (n-1)/r_1 \qquad (1-4-2)$$
$$F_2 = (1-n)/r_2 \qquad (1-4-3)$$

经推导(从略)可得透镜制造公式:

$$F = (n-1)(1/r_1 - 1/r_2) \qquad (1-4-4)$$

及薄球透镜公式: $\quad F = F_1 + F_2 \qquad (1-4-5)$

例:设透镜的折射率 $n = 1.50$,且为等双凸透镜,试证该透镜的焦距等于曲率半径。

解:已知 $n = 1.50$,设曲率半径为 r,焦距为 f

因为　$1/f = (n-1)(1/r_1 - 1/r_2)$

所以　$(1.50-1)[1/r - 1/(-r)] = 0.5 \times 2/0.5 = 1/r$

所以　$f = r$,即该透镜的焦距等于曲率半径。

4. 眼用球面透镜的顶焦度:

眼用球面透镜的顶焦度等于该球面的两面镜度之和,即: $F = F_1 + F_2$(其中 F 为球面透镜顶焦度,F_1 为该球面透镜的前表面镜度,F_2 为该球面透镜的后表面镜度)。

例如:(1) $F_1 = +3.00D.$，$F_2 = -6.00D.$，则 $F = -3.00D.$

(2) $F = +2.00D.$，$F_2 = -6.00D.$，

则 $F_1 = F - F_2 = +2.00 - (-6.00) = +8.00D.$

5. 球面透镜的视觉像移:

将 $-3.00D$ 置于眼前,通过镜面观察远处目标,并缓缓上下平移镜片时,所见目标也随之上下移动;当左右平移镜片时,目标也随之左右移动,这种目标的动向与镜片平移方向一致,称为顺动。

将 $+1.00D$ 置于眼前,通过镜面观察远处目标,并缓缓上下平移镜片时,将会发现目标逆镜片移动方向而动,这称为逆动。

通过移动的镜片观察目标也在移动的现象称为视觉象移,这种现象为我们能快速给镜片定性提供了极为简便而准确的方法。

二、柱面透镜的光学特性

1. 什么是柱面透镜:

沿圆柱玻璃体的轴向切下一部分,这部分就是一个柱面透镜,即图 1-4-3 中 AEBCFD 围成的那部分。它由两个面组成,一个面是 ABCD 平面,另一个面是由 AEB、DFC 与 AD、BC 围成的曲面,在 ABCD 平面中的入射光线,柱面透镜无屈折能力,而对来自左面的与 ABCD 平面垂直的入射光线,柱面透镜具有最大的屈折力。

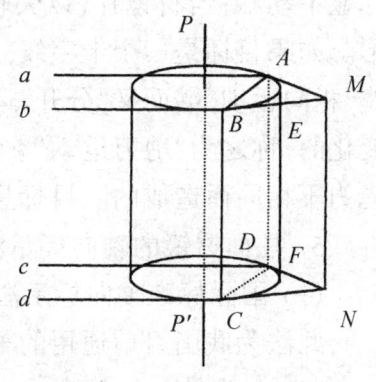

图 1-4-3 沿 PP' 向剖切的柱面

柱面透镜的表示方法是由柱镜度及轴位两部分组成。如: $-2.00D. \times 180$ 即轴位为 $180°$ 的 -200 度柱镜。

2. 柱面透镜有焦线可觅,且焦线与轴向平行:

见图 1-4-3 中入射线 $a /\!/ b, c /\!/ d$ 且垂直于平面 ABCD,它们经柱面透镜的曲面屈折后,分别聚焦于 M 点和 N 点,由于我们可以做出 n 对(n 为 1 到无穷大的自然数)的入射平行光,经柱面透镜折射后,就必然可以获得 n 个焦点,这些焦点连接起来成为一条线 MN,即为该柱面透镜的焦线,在图中不难看出焦线 $MN /\!/$ 轴向 PP'。

3. 柱面透镜各个子午线上的屈光力不等,且按规律周期变化着。

由上已知:对水平方向入射光屈折聚焦后可得到一条垂直方向的焦线。可知该柱面透镜的轴向位于垂直方向上,即90度,而最大的屈光力是在水平方向上,即180度。那么其他方向上的屈光力又是怎样周期性地变化着呢?这可以借助下列公式清楚、准确的表达:

$$F_\theta = F \cdot \sin^2\theta \qquad (1-4-6)$$

其中 F_θ 为所求与轴向为 θ 夹角方向上的屈光力,θ 为所求方向与轴向间的夹角,F 为柱面透镜具有的屈光力,即顶焦度。

例:已知 $F = -4.00 \times 180$,求 $30°$、$60°$ 方向的顶焦度各为多少?

解:$F_{30} = -4\sin^2 30 = -4 \times 1/4 = -1.00(D)$

$F_{60} = -4\sin^2 60 = -4 \times (\sqrt{3}/2)^2 = -4 \times 3/4 = -3.00(D)$

即:$30°$、$60°$ 方向的顶焦度分别是 $-1.00D$ 和 $-3.00D$。

4．柱面透镜的视觉像移:

将一块柱面镜片(如 $+1.00D.C.180$)置于眼前,通过镜面观察远处目标,并缓缓上下平移镜片时,所见目标也随之上下移动;若将镜片左右平移时,目标显不动状;当将镜片(以矢轴为轴)转动时,透过透镜,所见目标将会扭曲变形。如果目标是一个十字线,那么十字线在该镜片移动的过程中将一会儿"合拢"相向运动,继而又"分开"运动,这种"合拢"和"分开"的运动是呈周期性地变化的,称之为"剪刀运动"。这种现象是由柱面透镜各个子午线上具有的屈光力不相同而造成的。目标呈不动状的方向即为柱面透镜的轴位方向。

5．柱面透镜的轴向标示法:

(1)国际标准轴向标示法(TABO法)

此法为我国目前通用的轴向标示法,用图可表示为图1-4-4。

(2)鼻端轴向标示法

此法用图可表示为图1-4-5。

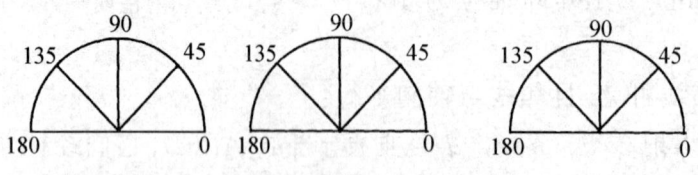

图1-4-4　TABO法　　　图1-4-5　鼻端轴向标示法

此法与TABO法的不同之处在左(L)眼的轴向,正好相反,应以 $180°$ 减之,如:鼻端轴向标示法为L眼散光轴位为 $30°$,则TABO法应为:$180° - 30° = 150°$。

(3)太阳穴轴向标示法,此法用图可表示为图1-4-6。

此法与TABO法的不同之处在右(R)眼的轴,正好相反,应以180°减之,如用太阳穴法(R)眼的散光轴位为75°,则TABO法应为:180°-75°=105°

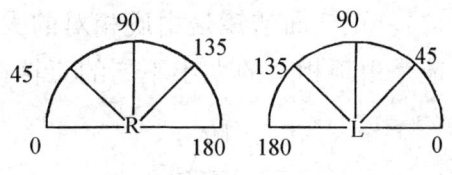

图1-4-6 太阳穴轴向标示法

三、三棱镜的光学特性

1. 什么叫三棱镜:

图1-4-7为眼用三棱镜,$AA'B'B$及$AA'C'C$分别为三棱镜之折射面,$BB'C'C$为三棱镜之底面,当CAB面垂直于底面时,CAB面即为主切面,通常以主切面代表一个三棱镜,A为顶(或尖),BC代表底,AB与AC分别代表两个折射面,当入射光通过两折射面后,产生折射(见图1-4-8),如果在1米(出射线)的距离上能使光线位移1厘米,即三棱镜的力为1个棱镜度,记作:$1^{\triangle}$。

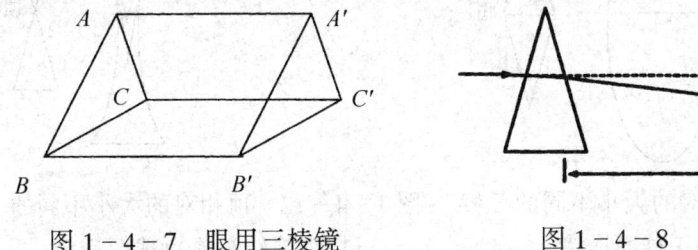

图1-4-7 眼用三棱镜　　图1-4-8 三棱镜度

2. 有屈折光线的能力,而无聚焦的能力:

由图1-4-9可见:入射光$a // b // c$,经同一三棱镜屈折面折射后,分别成折射线,a' b'和c',且$a' // b' // c'$,但a' b'和c'并未聚焦,仅改变光线的前进方向。

3. 入射光折向其底,视物向尖(顶)移:

见图1-4-10,入射光a经三棱镜折射面后,偏向三棱镜底的方向出射;例如在A处通过三棱镜看目标Q,则目标Q犹如在Q'处,即Q'比Q更靠近三棱镜的顶(尖),好象目标向三棱镜的尖端移动了一段距离。

4. 三棱镜是组成一切眼用球面透镜和柱面透镜的最基本的光学单元

所有眼用球面透镜和柱面透镜均由大小不同的三棱镜按不同的规则排列组成。正球面透镜是由底相对的大小不同的三棱镜旋转所组成(见图1-4-11);负球面透镜是由顶相对的大小不同的三棱镜旋转所组成(见图1-4-

12)。正柱面透镜是由底相对的大小不同的三棱镜单向排列所组成;负柱面透镜是由顶相对的大小不同的三棱镜单向排列所组成。

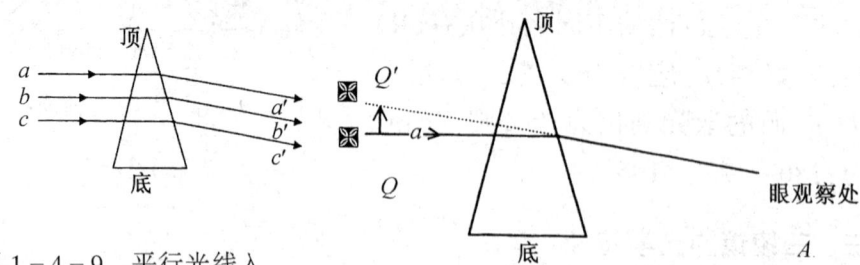

图 1-4-9　平行光线入射三棱镜折射后仍平行出射

图 1-4-10　光线折向其底,视物向尖移

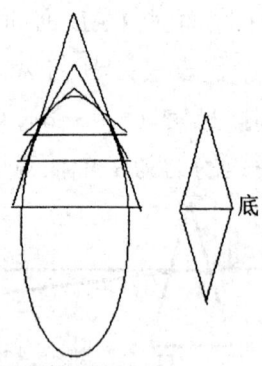

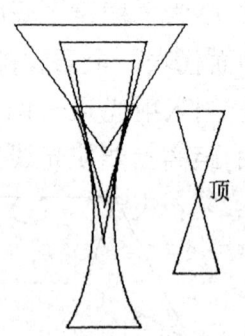

图 1-4-11　底相对的大小不同的三棱镜旋转组成正球面透镜

图 1-4-12　顶相对的大小不同的三棱镜旋转组成负球面透镜

5. 三棱镜度的底向标示法:

(1) 360°底向标示法:

此法系用角度来表示底向的一种方法,具体见图 1-4-13。

如:三棱镜为 $3^{\triangle}$ 的底向如图 1-4-13 所示,则该三棱镜即为 $3^{\triangle}$(底向 45°)或写作 $3^{\triangle}$(B.45°)。

(2) 直角坐标底向标示法:

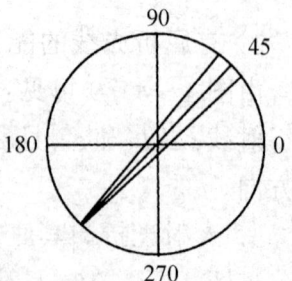

图 1-4-13　三棱镜 360°底向标示法

此法系将总三棱镜度分解成 X(水平)方向及 Y(垂直)方向上。两个分三棱镜力的标示法。例如:有三棱镜为 $5^{\triangle}$(底向 37°),则又可以将其表示为底向 X 方向:$4^{\triangle}$,底向 Y 方向:$3^{\triangle}$,即:$4^{\triangle}$(底向右)、$3^{\triangle}$(底向上)。

第二单元 球柱透镜的联合与转换

一、透镜的联合

透镜的联合就是两块或两块以上的各种眼用透镜叠合、密接,透镜的联合用符号"◯"来表示。

如:透镜-3.00D. 联合透镜+4.00D. 可以写作:

-3.00D. ◯ +4.00D.

透镜-2.00D. 联合透镜-5.00D. 可以写作:

-2.00D. ◯ -5.00D. 等等.

二、球面透镜的联合

球面透镜之间的联合结果,可用求代数和的方法来获得。

如:-3.00D.◯+4.00D.⇒+1.00D.

三、柱面透镜的联合

1. 同轴位柱面透镜的联合,其结果也是用求代数和的方法获得。

如:-1.00 ×180◯+2.00 ×180⇒+1.00 ×180;

2. 轴位互相垂直的柱面透镜的联合。

(1) 光学十字线

轴位互相垂直的柱面透镜的联合就不能用简单的求代数和的方法获得其联合结果,必须借助于光学十字线,所谓光学十字线就是在一个以垂直和水平相交的十字线区域内标出各个子午线方向上的柱面(或球面)透镜的屈光力。

例如:+1.00. 可用光学十字线图示为见 a

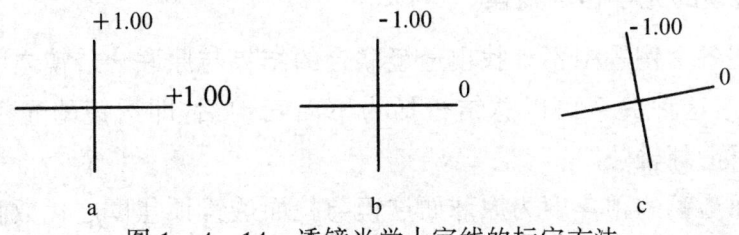

图 1-4-14 透镜光学十字线的标定方法

又如:-1.00 ×180,可用光学十字线图示见 b

再如：-1.00 ×15,可用光学十字线图示见 c

(2) 光学十字线图示的应用

例：求 -1.00 ×180 ○ -2.00 ×90 ⇒ -1.00 ○ -1.00 ×90 或 -2.00 / 1.00 ×180

解：

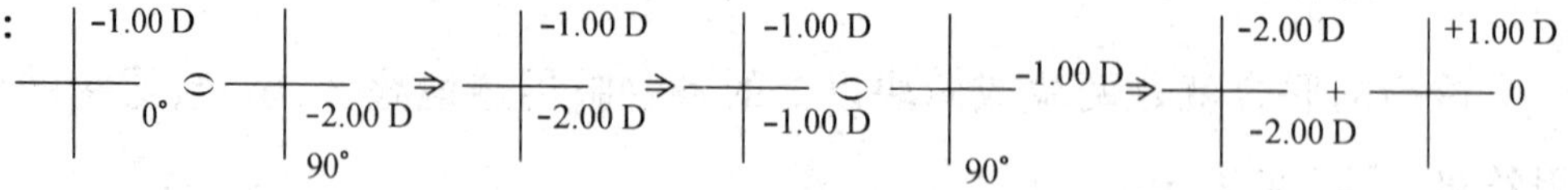

图 1-4-15　柱面透镜联合光学十字线的标定方法

即两个轴位互相垂直的柱面透镜联合后可成为一个球柱面透镜。

四、球柱面透镜的联合

1. 同轴位球柱面透镜的联合：

也可用求代数和的方法获得联合结果。

如：+1.00 / +0.50 ×90 ○ -1.50 / -1.00 ×90

⇒ -0.50 / -0.50 ×90

2. 轴位互相垂直的球柱面透镜的联合：

可应用光学十字线图示求得联合结果。

如：求 -2.00 / -1.00 ×180 ○ -1.00 / -1.25 ×90

解：

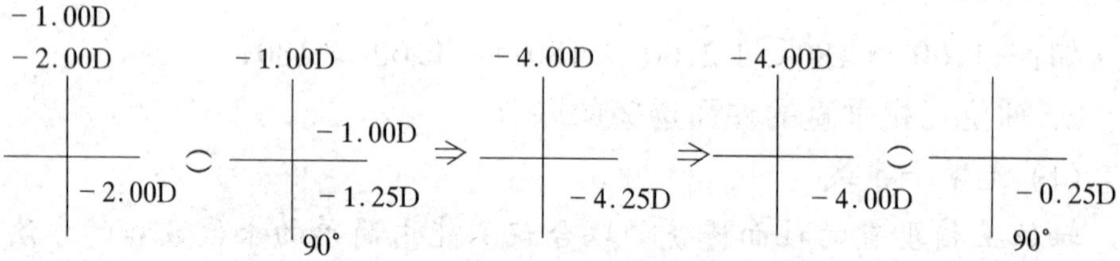

图 1-4-16　球柱面透镜联合光学十字线标定方法

即　-4.00 ○ -0.25×90

五、透镜的光学恒等变换

从上述各个例题中不难找出透镜联合的结果与原联合透镜之间的规律性的关系,对于这种关系可以总结概括为下面三句话:即透镜的光学恒等变换(行业中俗称"翻轴位");

新球面透镜的顶焦度为原球面透镜与柱面透镜顶焦度之代数和;

新柱面透镜的顶焦度为原柱面透镜顶焦度的相反数;

新轴位:若原轴位小于、等于 90°的加 90°,大于 90°的减 90°。

应用这三句话——光学恒等变换的规则,就可以不用光学十字线图而直接迅速写出透镜的联合结果。

如: $+1.00$ / $-1.00 \times 150 ⌒ -1.00 \times 60 ⌒ -1.00$ / $+1.50 \times 60 ⌒ -0.75 \times 150$

解: $+1.00 \times 60 ⌒ -1.00 \times 60 ⌒ -1.00$ / $+1.50 \times 60 ⌒ -0.75$ / $+0.75 \times 60$

$\Rightarrow -1.75$ / $+2.25 \times 60$ 或 $+0.50$ / -2.25×150

第三单元 透镜的有效镜度

一、概述

同样一块眼用透镜,因其距眼睛的距离不同所产生的光学效果(实际顶焦度的大小)也不同;或要产生相同的光学效果(即实际顶焦度大小一样),在不同的距离上要使用顶焦度不同的眼用透镜。这种在相同眼用透镜因其距离因素而产生的不同的顶焦度光学效果或不同的眼用透镜因其距离不同而产生的相同的顶焦度的光学效果,就称为透镜的有效镜度。

二、有效镜度的求解

设一透镜 F,其焦距为 f'(见图1-4-17),若将其焦点位置固定,而将透镜 F 向焦点移近若干距离 d,则新透镜 Fe 之焦距 $f'e$ 应等于 $f' - d$,由此可得:

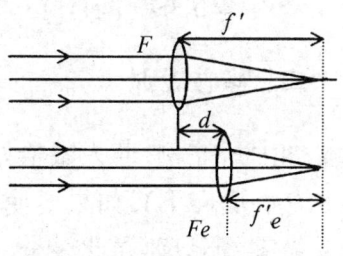

图1-4-17 透镜之有效镜度

$$F_e = \frac{1}{f'e} = \frac{1}{f' - d}$$

$$= \frac{1}{(1/F) - d} = \frac{F}{1 - dF} \qquad (1-4-7)$$

其中 F_e 为有效镜度;d 为移动距离,以米为单位,若在透镜之右为正;在透镜之左为负;F 为透镜之顶焦度

例:已知 $F = +12.00D.$,戴在眼前12mm处,若改配隐形眼镜,问应戴多少顶焦度?

解:$F_e = \dfrac{12}{1-(0.012 \times 12)} = +14.00D.$ 即配戴 $+14.00D.$ 的隐形眼镜就相当于戴 $12.00D.$ 的眼镜在眼前12mm处的光学效果。

第四单元　移心、三棱镜效果

一、眼用透镜上任意一点的三棱镜效果

在本章第二节中已谈到三棱镜是组成球柱面透镜的基本光学单元,因此凡眼用透镜均有与三棱镜相类似的性质:在眼用透镜上,除光学中心处,其他任意一点均对入射光有折射能力,即均要使(通过透镜看)目标产生位移,位移的距离及方向取决于该点(对光学中心)的方位及所具有的三棱镜度的大小,那么眼用透镜与三棱镜之间究竟有什么关系呢？可用移心透镜关系式来表示。即：

$$P = FC \qquad (1-4-8)$$

其中 P 为三棱镜度($\triangle$)，F 为眼用透镜顶焦度(D)，C 为具有 P 三棱镜度的点到光学中心间的距离(以 cm 为单位)。

例:求距眼用透镜 $F = +3.00$D. 的光学中心正上方 3mm 处具有的三棱镜度为多少？

解:已知　$F = +3.00$D.，$C = 0.3$cm，则 $P = 3 \times 0.3 = 0.9^{\triangle}$

又已知该点在光学中心正上方,故该点三棱镜之底向是"向下",即：

$P = 0.9^{\triangle}$(B.D.)

二、移心规则

如上所述例,若人眼恰好通过该点视物,此时该眼所遭受的三棱镜效果就是 $0.9^{\triangle}$(底向下),如果要使该眼在此处视物时不遭受三棱镜效果,即三棱镜效果为零,那只要在此叠合一个与 $0.9^{\triangle}$ 数量相等而底向上(相反)的三棱镜即可,这样做的实质是使光学中心离开原先的标准位置而上移 3mm。

同理,人眼恰好通过球面透镜 -2.00D. 正上方 4mm 处视物,而此时该眼所遭受的三棱镜效果就是 $0.8^{\triangle}$(底向上),如果要使该眼在此处视物时不遭受三棱镜效果,即三棱镜效果为零,那只要在此叠合一个与 $0.8^{\triangle}$ 数量相等而底向下(相反)的三棱镜即可,这样做的实质是使光学中心离开原先的标准位置而向上移 4mm。

至此,我们即可得出以下规则:

正透镜的移心方向与所需之三棱镜底向相同;

负透镜的移心方向与所需之三棱镜底向相反。

这就是移心规则。

例：求 $-4.00D.$ 为产生 $2^\triangle$ 底向下所需的移心量及方向

解：已知：$F=-4.00D.$，$P=2^\triangle(B.D.)$ 则：$C=\dfrac{2}{4}=0.5(cm)$ 向上移

即向上移光心 5mm。

三、差异三棱镜效果

移动光学中心的目的，乃是为了使配镜者的双眼视轴恰好通过眼镜的光学中心而免受差异三棱镜效果所带来的不舒适。尤其是屈光参差者及看近时产生此种不舒适的可能性更大。例如，某配镜者双眼屈光状态分别为：$R-3.00D.S.$，$L-5.00D.S.$，当他戴镜注视镜片光心右边 5mm 处的目标时，右眼所遭受到的三棱镜效果为：$PR=3\times0.5=1.5^\triangle(B.O.)$；左眼所遭受到三棱镜效果为 $PL=5\times0.5=2.5^\triangle(B.I.)$，两眼所遭遇到的三棱镜效果之差为 $1^\triangle$，即为差异三棱镜效果。

又如，某老视配镜者，假设他的双眼为正视眼，老视度数均为 $+3.00D.S.$，且双眼分别由镜片光心水平方向向内 2.5mm 处注视 33cm 处的目标时，则双眼所遭遇到的三棱镜效果分别为：$PR=3\times0.25=0.75^\triangle(B.O.)$ $PL=3\times0.25=0.75^\triangle(B.O.)$，两眼所遭遇到的三棱镜效果之差为 $1.50^\triangle$，即为差异三棱镜效果。如果老视患者还有屈光参差，那么两眼的差异三棱镜效果就更大，当大到超过人眼所能承受的限度后，配镜者就会产生不舒适感。

练习题

1．一等双凹透镜焦距为 $-16.67cm$，与另一透镜相叠接，共同焦距为 $+20cm$，若两透镜之玻璃折射率为 1.6，且相接密合，求第二透镜另一面之曲率半径。

2．什么是正、负球透镜的视觉像移？

3．一薄平凸透镜，折射率为 1.62，镜度为 $+5.00D$，试求磨制此曲面所需要工具之半径。

4．一灯光与屏幕相距 3 尺，置 $+7.00D$ 之透镜于两者之间，欲成像清晰，透镜位置应如何？

5．三棱镜与球透镜的相似之处何在？它们的本质区别（光学性质）何在？

6．通过平动的正球透镜视物产生怎样的现象，为什么？通过平动的负球透镜视物产生怎样的现象，为什么？

7．柱透镜的力的位置与轴的关系如何？举例说明之。

8．$+3.25\times60\bigcirc-5.00\times60$ 得什么透镜？$-4.50\times90\bigcirc+2.75\times90$ 得什么透镜？

9．轴成正交 $90°$ 的两柱透镜联合后得什么透镜？举例说明并用屈光力示图表示。

10．求下列柱面等效镜度：

(1) $+3.50\times180\bigcirc-1.25\times180$； (2) $+1.75\times90\bigcirc-1.75\times90$

(3) $+0.50\times180\bigcirc+0.50\times90$;　　(4) $+1.00\times90\bigcirc+3.00\times180$

11. 两不等柱面 A 及 B 正交叠接,则其效果与下列情况相同,试证明:

(1) 镜度为 A 的球面加上镜度为(B-A)之柱面。

(2) 镜度为 B 的球面加上镜度为 -(B-A)之柱面,后者之轴与(a)中的柱面轴成直角。

12. 将下列各正交柱面转变为等效球柱面:

(1) $+2.00\times180\bigcirc+400\times90$;　　(2) $-4.00\times90\bigcirc-6.50\times180$

(3) $-0.50\times180\bigcirc+0.50\times90$;　　(4) $+1.75\times90\bigcirc+2.50\times180$

(5) $+0.50\bigcirc+1.50\times90$;　　(6) $-2.25\bigcirc-1.50\times180$

(7) $+6.50\bigcirc-3.00\times180$;　　(8) $-3.25\bigcirc+1.75\times90$

13. 将下列处方转变为其他两种形式:

(1) $+500\times180\bigcirc+5.75\times90$;　　(2) $-0.75\bigcirc+0.50\times180$

(3) $+2.25\bigcirc-3.75\times90$;　　(4) $-1.12\times90\bigcirc+0.37\times180$

14. 下列四片薄球透镜相互密叠,求组合之焦距(cm)

$+1.25\bigcirc+0.50\times90$　　　　$-2.00\times180\bigcirc-1.50\times90$

$+0.25\times90\bigcirc-1.25\times180$　　　　$+0.50\bigcirc-2.50\times90$

15. 将下列透镜用正交柱面形式表示:

(1) $+0.50\bigcirc-0.25\times180$;　　(2) $-1.75\bigcirc-1.50\times90$

(3) $+4.25\bigcirc+1.75\times180$;　　(4) $-200\bigcirc+400\times90$

16. 球柱面组合 $+2.00+200\times90$ 系由两个平柱透镜正交合并而成,若将镜度较低之柱面旋转 90°,则组合之新镜度是什么?

17. 两平柱面透镜以两轴平行合并一起所得合成镜度为 $+4.00\times90$,当一柱面旋转 90°,则新镜度含有一柱面 $+9.00\times180$,求合成之球面镜度,以及原有平柱透镜之镜度。

18. $+0.75\times90/-1.25\times180$ 镜片, $+2.50/-1.25\times180$ 镜片与 $-1.25/+3.75\times90$ 镜片均很薄且叠接一起,第四片透镜加入此组合后之总焦距为 $+14.29cm$,问第四片透镜的镜度(用正交柱面形式表示)?

19. 下列四片薄透镜,试以球面加负柱面透镜的形式表示其组合镜度:

$+0.75/+150\times H$　　　　$+6.25\times V/+4.50\times H$

$-2.25/+0.75\times V$　　　　$+1.25/-4.75\times V$

20. 一薄球柱透镜,其主镜度之和为"零",与另一球柱面透镜在某一方向上相叠合时,本组合恰被(-4.00D)球面所中和,当第一薄透镜旋转 90°,本组合在某一向度被(-2.00D)球面所中和,而在与其成正交的另一向度被(-6.00D)球面所中和,试求这两球柱透镜之镜度各为多少?

21. 绘图说明散光轴向的标准标示法。

22. 下列轴向系以鼻端标示法表示,试改用 TABO 法表示:

(1) R120；　(2) L120；　(3) R58；　(4) L150

下列轴向系以太阳穴标示法标示,试改用 TABO 法表示：

(1) R45　L45；(2) R30　L150；(3) R105　L105

23．$-3.00\times90\bigcirc+1.25\times180$ 得什么透镜？并用屈光力示图表示。

24．验光师为某患者配光,其所需正确矫正为 $-300/+1.00\times30$,但误写为 $-300/+1.00\times120$,欲改正此错误,应在镜片前增加一个什么镜度？

25．将柱面 $-200\times110/\bigcirc-3.00\times20$ 转变为球柱形。

26．某患者配镜处方为 $+10.00/+300\times135$,若再加上一镜片 $+50/-1.00\times45$,视力更佳,问此患者实际所需配之镜度应为什么球柱面透镜？

27．两相等平柱面 $+2.00$ 叠合,其轴分别在 90 及 180 向度,求其等效球柱面镜度。

28．将柱面 $+5.00\times30\bigcirc+8.00\times120$ 转变成球柱面形式。

29．什么叫移心,为什么要移心？

30．正球透镜若需光心内移,所加三棱镜之底应向何方？负球透镜若需光心内移,所加三棱镜之底应向何方？

31．正、负球透镜之移心定则是什么？何为移心关系式？

32．将三棱镜 4 (B.U)和三棱镜 5 (B.O)合成为右眼之单一效果。

33．将三棱镜 2 (B.U 及 B.I)在 60°,分解为垂直和水平成分。

34．将三棱镜 5 (B.U 及 B.O)在 165°,分解为垂直和水平成分。

35．当透镜($-5.00D$)作下列移心时,求产生之三棱镜效果：

(1)4mm,向上；(2)6mm,向内；(3)8mm,向外；(4)3mm,向上及 2mm 向内。

36．某配镜人之右眼镜度为 $+8.00D$,且经正确定心,当阅读时其视轴通过光心下方 8mm,偏内 3mm 之一点,求在该点之垂直与水平之三棱镜效果？

37．$+15.00D$ 镜片戴于角膜前 12mm,作远光矫正,设镜片位置移至角膜前 15mm,其度数应为多少？

38．$-12.00D$.镜片戴于角膜前 12mm,作远光矫正,设镜片位移至角膜上,其度数应为多少？

第五节　眼科学知识

第一单元　眼的解剖和生理

一、概述

1．视觉器官的构成

视觉器官大致分为:眼的附属器;眼球(包括眼球壁、眼球内腔和内容物);

视路。

眼球的矢状面解剖如图 1-5-1 所示。

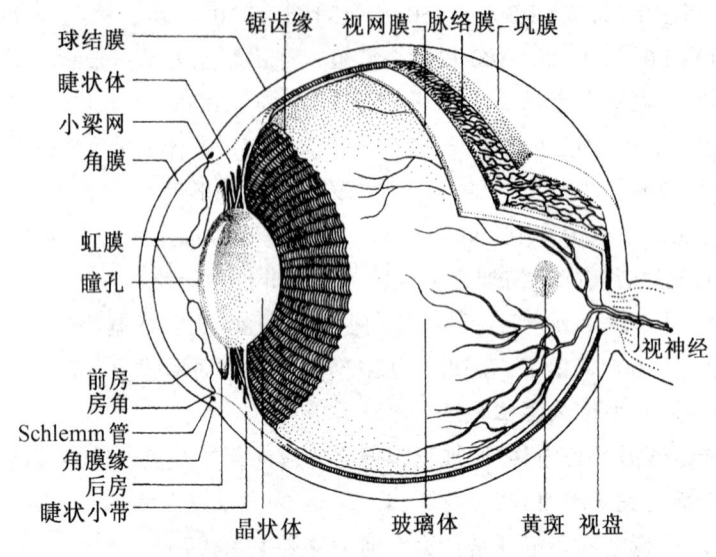

图 1-5-1 眼球矢状剖面图

(1) 眼的附属器包括睫毛、眼睑、结膜、泪器和泪液、眼外肌和眼眶等。

(2) 眼球(图 1-5-2)包括:

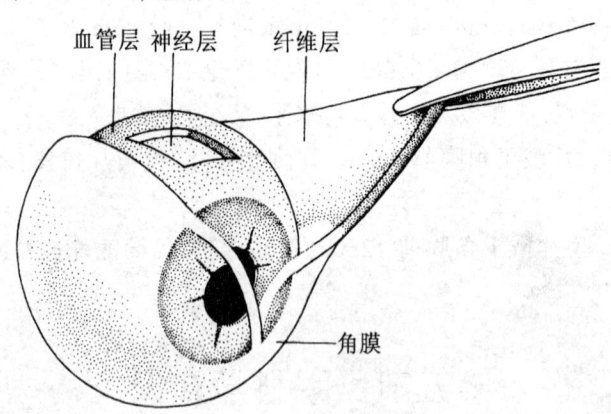

图 1-5-2 眼球壁分层

1) 眼球壁

外层(纤维层):角膜、巩膜。

中层(血管层):虹膜、睫状体和脉络膜。

内层(神经层):视网膜。

2)眼球内容包括房水(前房、后房)、晶状体和玻璃体等。

(3)视路包括视神经、视交叉、视束、外侧膝状体、视放射和视中枢等。

2．眼的正面观

(1)方位　面对被检者,可将其眼部分为上方、下方、鼻侧和颞侧(图1-5-3)。

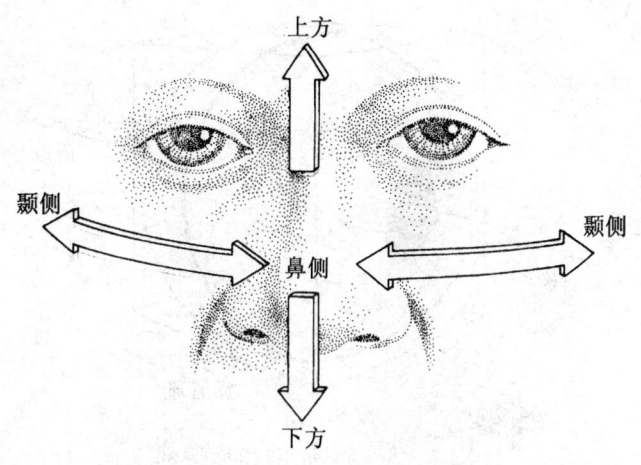

图1-5-3　眼的方位

(2)解剖概念　如图1-5-4所示,可见到眼睑、睑缘、睑缘围成的睑裂、睫毛、内眦和外眦、球结膜和睑结膜、角膜(包括瞳孔部、周边部和缘部)、前房及房水、虹膜及瞳孔、部分晶状体等。

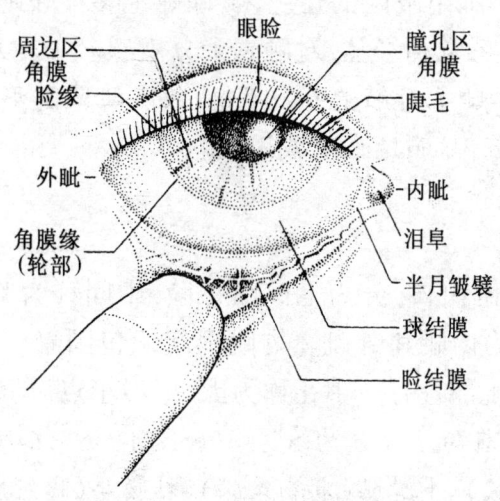

图1-5-4　眼的正面观

3. 眼球基本形态

眼球大致呈圆球形(角膜和巩膜的曲率半径稍有差异)。其后前径、水平径和垂直径约为24.0mm,重量约为7.0g,容积约为6.5ml,密度约为1.077g/ml。眼球的前方和后方的几何中心称为前极和后极,连接前极和后极的轴线称为眼轴,与前极和后极距离相等的眼球周线称为赤道部(图1-5-5)。

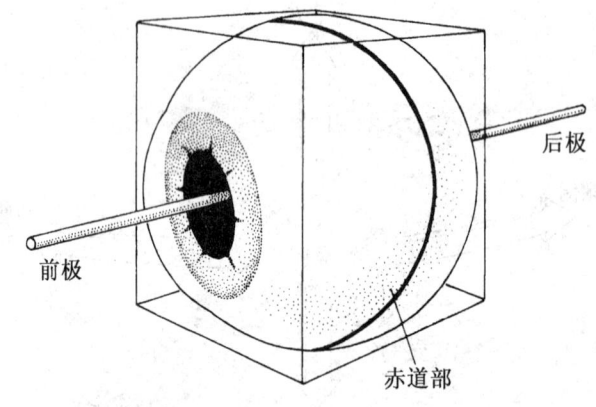

图1-5-5 眼轴和赤道部

二、眼的附属器

1. 睫毛

(1) 解剖 位于上下眼睑的边缘,上睑睫毛多于下睑睫毛,3~5根分为一丛,根部有丰富的感觉神经丛,对触觉十分敏感。平均寿命约3~5个月。

(2) 生理 由于睫毛对触觉异常敏感,故在配戴隐形眼镜时,若镜片碰到睫毛可引起瞬目反应,从而造成配戴困难。

2. 眼睑

(1) 解剖

1) 眼睑位于眼眶出口,分为上睑和下睑,中间称为睑裂,边缘称为睑缘,上下睑缘交界处称为内眦和外眦。内眦部组织包围着一个肉状隆起,称为泪阜。上下睑缘近内眦部各有一小孔称为上、下泪小点,是泪液排泄的出口。

2) 眼睑组织由前向后可分为5层。如图1-5-6所示,依次为皮肤、睑轮匝肌、纤维层(睑板)、平滑肌(米勒氏肌)、粘膜层(睑结膜)。

(2) 生理

1) 由于上下眼睑对角膜持续性的压迫,可致角膜产生垂直向屈光力较强的散光,称为生理性散光。

2) 眼睑通过瞬目使泪液展开,均匀地湿润角膜,使角膜面形成良好的光学界面。配戴隐形眼镜时,瞬目可保持镜片的湿润清洁,使之与角膜良好附着。

3) 当眼睑闭合不全时可诱发角膜干燥溃疡。

4) 上下睑板有高度发育的皮脂腺(睑板腺)埋藏其中,其开口位于睑缘,排出的脂质性分泌物形成泪液的表层,脂质成分可防止泪液过度蒸发。

5) 眼睑下垂可能导致形觉剥夺性弱视,无法用光学方法进行视力矫正。

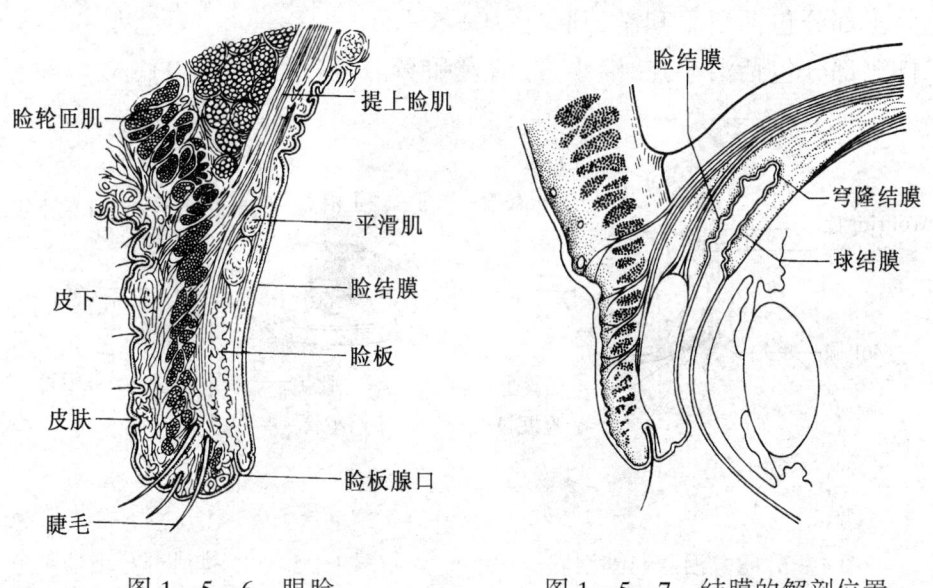

图1-5-6 眼睑　　　　图1-5-7 结膜的解剖位置

3. 结膜

(1) 解剖　结膜为透明的粘膜,覆盖眼睑的后面与眼球前面的一部分,结膜分为三个部分。

1) 附着在睑板后面的为睑结膜,与眼睑皮肤相移行。

2) 覆盖于眼球前部的称为球结膜,与角膜上皮相移行。

3) 介于二者之间的部分称为穹隆结膜,结膜围成的囊状腔隙,称为结膜囊(图1-5-7)。

(2) 生理　睑结膜内有多种分泌腺组织,主要功能在于湿润角膜,维持其透明性。

1) 杯状细胞　分布于穹隆结膜上皮层内,所分泌的粘液性成分构成泪液的内层。

2) 副泪腺　位于上穹隆结膜及睑板上方的睑结膜上皮层内,分泌泪液的水、电解质成分,构成泪液的中间层。

球结膜具有疏松、可延伸性,利于眼球的转动。

球结膜下有丰富的血管,发生炎性反应时,球结膜就会发生充血,俗称红眼,是隐形眼镜并发症的重要体征之一。

4.泪器和泪液

(1)解剖

1)泪器　泪器分为分泌部分和排泄部分。

分泌部分包括泪腺和副泪腺(图1-5-8)。

排泄部分包括泪小点,泪小管、泪囊和鼻泪管(图1-5-9)。

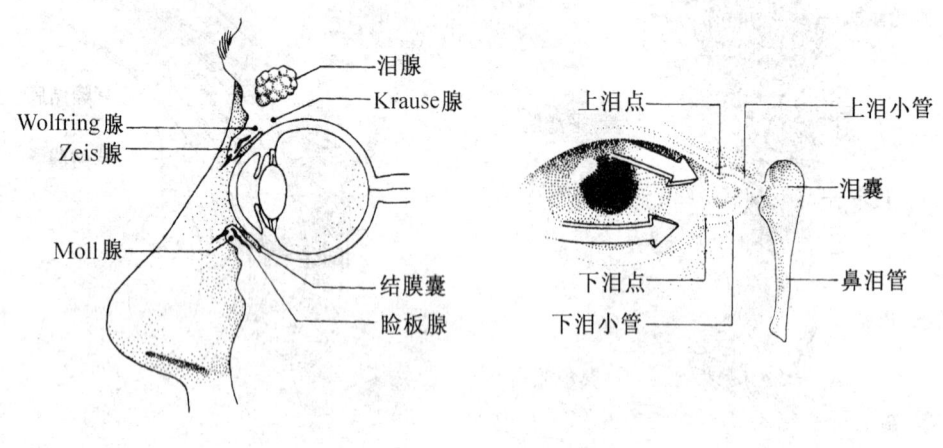

图1-5-8　泪腺与副泪腺　　　　图1-5-9　排泄部分泪器

① 泪腺位于眼颞上侧眶骨的泪腺窝内,由15～40个小叶组成,排泪管开口于颞侧穹隆结膜。

② 副泪腺(Krause氏腺和Wolfring氏腺)由约8～12个腺泡组成。

③ 泪小点位于上下睑缘近鼻侧端,泪小点周围的括约肌纤维有收缩泪小点的作用。

④ 泪小管起自泪小点与睑缘垂直伸入睑内组织,上下泪小管汇合注入泪囊。

⑤ 泪囊位于眶骨的泪囊窝内,下端与鼻泪管相接,长约10～15mm,上宽下窄。

⑥ 鼻泪管位于骨部鼻泪道内,下端开口于下鼻道,其内壁附有瓣膜。

2)泪液　泪液由泪腺和副泪腺分泌后收纳外眼各种腺体分泌的成分,沿上穹隆结膜向下覆盖角膜和结膜,继而汇集于下结膜囊和泪湖,泪液通过虹吸、泪小点括约肌收缩的牵扯和泪囊、鼻泪管内瓣膜的吸引等作用排入鼻腔。

泪液由外层脂质层、中层水分、电解质层和内层粘液层三层组成(图1-5-10)。

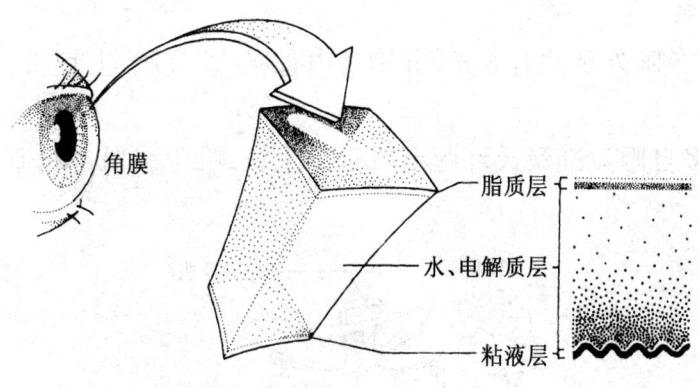

图1-5-10 泪液

(2) 生理

1) 通常情况下,副泪腺分泌的泪液已足够湿润角膜和结膜,抵消蒸发,只有当附加刺激时才由泪腺参与分泌眼泪。

2) 泪液的日分泌量大约为 $0.9\sim2.2\mu l/min$,日蒸发量约为 $0.85\mu l/min$。泪液过多可发生一过性视觉模糊。泪液过少则发生眼干,使隐形眼镜上的沉淀物增加。

3) 泪液中水分约占 98.2%,有形成分约占 1.8%。其中的主要成分包括:蛋白质、脂质、酶类和电解质等。

4) 泪液的pH值约为 7.54 ± 0.11,稍偏碱性。慢性炎性反应和缺氧可导致泪液酸度下降。

5) 泪液的渗透压为 0.90%~1.02% 当量氯化钠。配戴隐形眼镜由于泪液蒸发量减少,可发生泪液渗透压下降,引致角膜上皮层水肿。

泪液的主要功能包括:

1) 脂质层　防止泪液水分大量蒸发,保温防寒。

2) 粘液层　维持角膜的亲水性,使水、电解质层能够均匀地覆盖于角膜表面。

3) 水质层　水质层占泪液厚度90%以上,主要功能如下:

① 冲洗湿润角膜和结膜。

② 均匀地铺展于角膜表面,形成良好的屈光界面。

③ 泪液中含有溶菌酶等抗菌成分,可抑制致病微生物的生长。

④ 外界空气中的氧气只有借助泪液才能被角膜所接收利用。

⑤ 泪液中的营养成分,如葡萄糖等可维持角膜的代谢。

5．眼外肌

(1)解剖　眼外肌共有6条,分别为内直肌、外直肌、上直肌、下直肌、上斜肌和下斜肌。

眼外肌多自眶尖部秦氏环起至肌止点生长,唯下斜肌起自眶下缘(图1-5-11)。

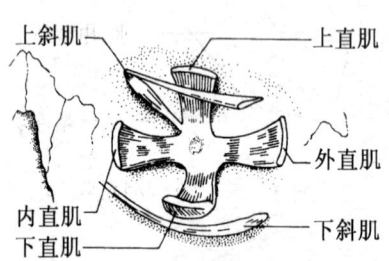

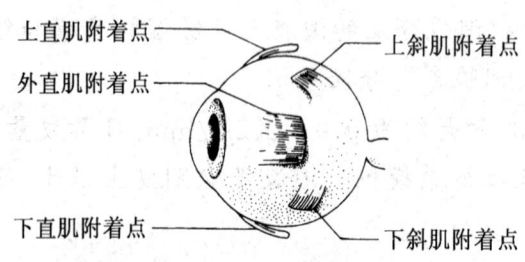

图1-5-11　眼外肌

(2)生理　眼外肌的生理功能主要为司理眼球运动。

当眼外肌的肌止点位置异常、某条肌肉发育不良或支配肌肉的神经发生麻痹时,则导致斜视。

6．眼眶

(1)解剖　眼眶是由上颌骨、腭骨、额骨、蝶骨、颧骨、筛骨和泪骨等七块骨围成的漏斗状的四边锥形体。眼眶内有眶骨膜、眶隔膜、球筋膜、肌鞘膜和眶筋膜等组织(图1-5-12)。

(2)生理　眼眶为眼球提供了骨性保护和软组织的缓冲作用,眶筋膜对眼球起到支持和定位的作用。

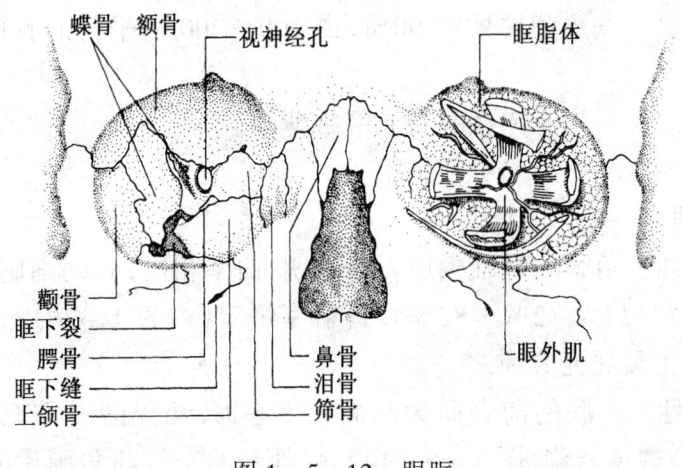

图 1-5-12 眼眶

三、眼球壁

1. 角膜

(1) 解剖

1) 形态　角膜占眼球前方 1/6，透明，外表面中央约 3mm 左右为球形弧面，周边曲率半径逐渐增大，呈非球面形。横径约为 11～11.5mm，纵径约为 10～10.5mm，中央厚度约为 0.5～0.7mm，边缘厚度约为 1.1mm。

2) 分层　角膜从组织学上可分为 5 层(图 1-5-13)，由前向后依次为：

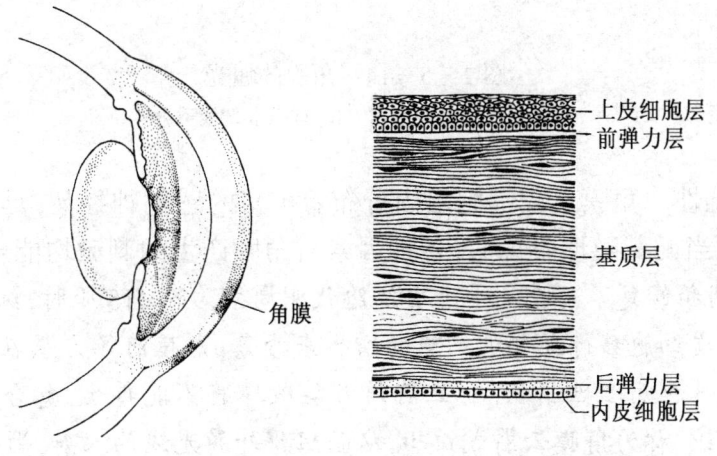

图 1-5-13　角膜

① 上皮细胞层　由前向后依次分为 5～7 层扁平上皮细胞，3～5 层翼状上皮细胞和单层的柱状基底上皮细胞。

② 前弹力层　由较坚实的透明弹性纤维构成。

③基质层 占角膜厚度的90%,由100~200层平行的胶原纤维薄板构成。

④后弹力层 为有弹性的胶原纤维薄膜。

⑤内皮细胞层 由单层细胞组成。

(2) 生理

1) 透明性 角膜的纤维板层无色透明,曲率相同;其间细胞数极少,无血管,含水量恒定(约为72%~82%),折射率恒定(约为1.376),光透射比大于97%,是眼的主要屈光介质之一。

2) 屈光性 角膜的前表面为凸面光学界面,角膜的后方充满房水,角膜和房水构成凸透镜结构(图1-5-14),因外界的空气与角膜后的房水的折射率不同,使其成为眼的重要的屈光因素,占眼的总屈光力的70%~75%,约为40.00D~45.00D。

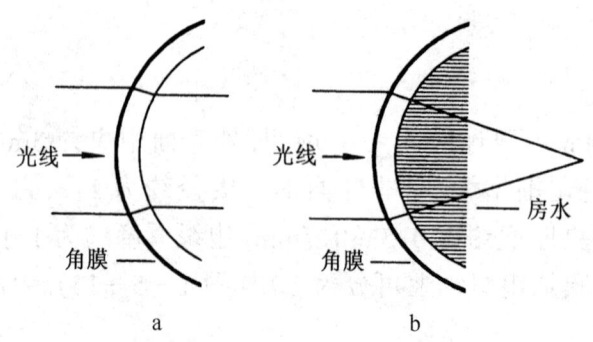

图 1-5-14 角膜的屈光
a. 无房水光线透射　b. 有房水光线透射

3) 敏感性 角膜上皮细胞层内分布着丰富的感觉神经丛,具有极敏感的痛觉反应。当配戴隐形眼镜后,各种因素对角膜产生的刺激均能导致异物感。

4) 损伤和修复 角膜扁平上皮细胞代谢周期为6~15小时,细胞破坏后可通过翼状上皮细胞移行或邻近细胞的增生来修复,角膜前弹力层在一定程度上可抵御机械性和病理性损伤,一旦前弹力层破坏将不能再生,愈合后形成不透明的疤痕组织,称为角膜云翳或白斑,从而阻碍外界光线的入射,影响视力。

5) 代谢性 维持角膜代谢的氧的来源,主要依赖外界的空气、角膜缘血管网和房水供应,在睡眠时因外界的空气不能直接供给角膜氧气,则由睑结膜的血管间接向角膜供氧。

2. 巩膜

(1) 解剖 巩膜为质地坚韧的乳白色不透明纤维组织,位于眼球后方5/6

部分,平均厚度约 0.3~1.0mm,后方视神经穿过的部位称为筛状板,较为薄弱。

巩膜由外向内可分为 3 层,依次为巩膜表层,巩膜基质层和巩膜棕色板层(图 1-5-15)。

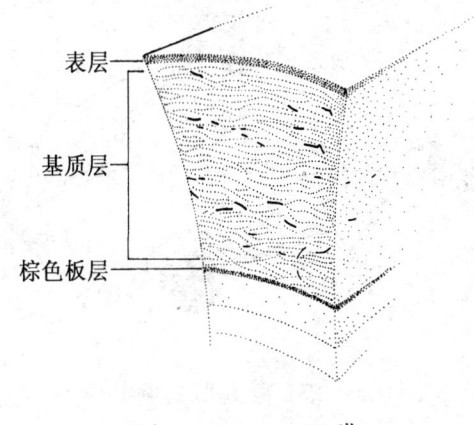

图 1-5-15 巩膜

(2) 生理　巩膜的主要功能为维持眼球的形状和保护眼球内容等。

3. 虹膜

(1) 解剖　虹膜为一横膈膜,位于晶状体之前角膜之后的房水中,并将房水腔分隔为前房和后房,其中央部的圆孔称为瞳孔。虹膜表面的皱襞和隆起称为纹理和隐窝,近瞳孔部有一环状隆起,称为卷缩轮,将虹膜分为瞳孔部和睫状部。

虹膜主要分基质前层、基质后层,基质前层含有丰富的血管和载色体,基质后层包含瞳孔括约肌和瞳孔扩大肌(图 1-5-16)。

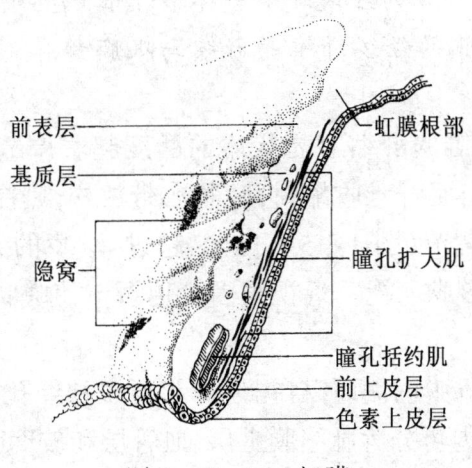

图 1-5-16 虹膜

(2) 生理　虹膜内的瞳孔括约肌和扩大肌控制着瞳孔的大小及入眼的光量。在黑暗环境中，瞳孔扩大，在明亮的环境中瞳孔缩小(图 1-5-17)。两种肌肉通常能取得很好的协调。

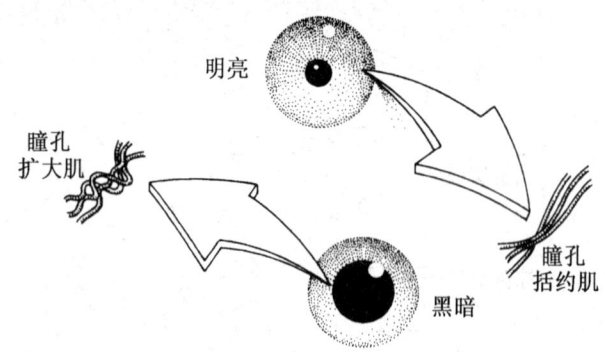

图 1-5-17　瞳孔肌的调节作用

瞳孔可维持视轴位于角膜和晶状体的中心位置，在瞳孔缩小时可消除眼屈光间质的球面差和色散。当瞳孔因外伤或手术麻痹性扩大或偏离中心位置，则影响光学眼镜的视力矫正效果。

4．睫状体

(1) 解剖　为一环状带，宽约 6mm，自虹膜根部延至脉络膜前缘。横切面呈三角形，靠近虹膜根部呈凸起状，称睫状冠，约宽 2mm，表面有白色辐射状隆起，称睫状突。后部平滑，称为睫状环。

睫状体由血管、弹性纤维、色素上皮及平滑肌等组织构成。

睫状体内的睫状肌分为经线纤维和环形纤维，受动眼神经支配。

(2) 生理　睫状肌的经线纤维的舒缩与巩膜静脉窦的开放有关，可控制房水的排出。

睫状肌的环形纤维的舒缩对晶状体的凸度起着调节作用，晶状体藉睫状小带悬在睫状体上，当肌纤维收缩时，睫状小带放松，则晶状体凸度加大，使眼睛看清近目标，称为调节(图 1-5-18)。超过 40 岁的人，因睫状肌的退化，导致调节能力下降，形成老视。近视眼因少用调节使睫状肌呈薄弱状态。

5．脉络膜

(1) 解剖　位于巩膜内侧面，自锯齿缘起至视神经孔止，内面覆盖视网膜。脉络膜组织学由外而内可分为脉络膜上层、血管层和玻璃膜层(图 1-5-19)。

(2) 生理　脉络膜丰富的血管可为巩膜和视网膜提供营养并排泄废物。色素细胞使眼球内形成暗环境，使外界景物可以在视网膜上清晰结像。

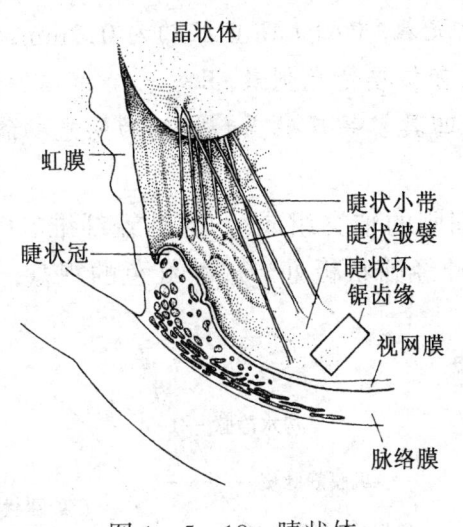

图1-5-18 睫状体

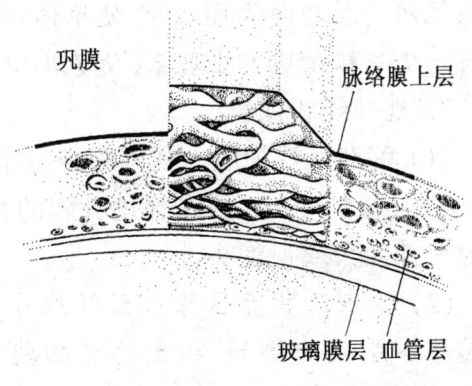

图1-5-19 脉络膜

6. 视网膜

(1) 解剖　为眼球壁的最内层,外附脉络膜,内邻玻璃体。

视网膜的中央,相当于眼球后极部为黄斑区,距黄斑区鼻侧3~4mm处为视盘,视盘中心部有视网膜中心血管穿出,分支于视网膜各部(图1-5-20)。

(2) 生理

1) 视细胞为含有光敏色素的感光细胞。分为杆体细胞和锥体细胞(图1-5-21)。杆体细胞含视紫红质,感弱光,分布在视网膜周边部,约有7~1.7亿个。锥体细胞含视紫蓝质,感强光和色觉,分布在黄斑区,约有700万个。视细胞感光后,光能经光化学反应转换为生物电能,引起神经冲动。

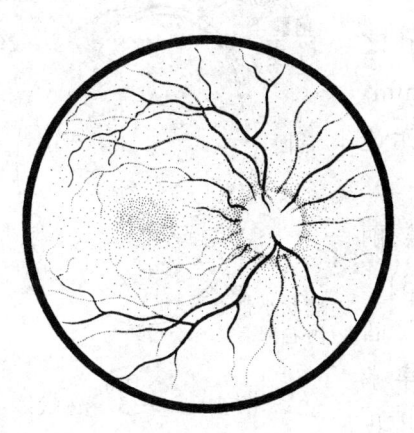

图1-5-20 眼底像

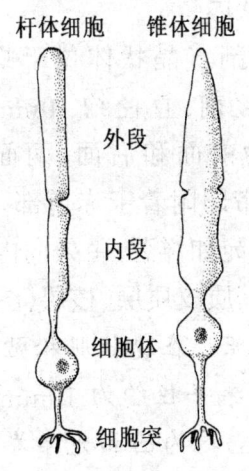

图1-5-21 视细胞

2）黄斑区 直径1~3mm,有黄色素沉着,中心小凹直径约为0.2mm,该区域视网膜内层均向旁侧推开,使锥体细胞直接接受光刺激,且每一个锥体细胞只与一个双极细胞发生联系,使黄斑中心凹具备高度敏感和精细的感光功能。

7．视神经和视盘

（1）解剖 视神经由视网膜神经节细胞的轴突组成,约含神经纤维50~100万根,长约40mm。在穿过巩膜的视神经筛状板处形成淡红色的视盘,又称为视神经头或视乳头。

（2）生理 视盘区除神经纤维外,视网膜的各层次均缺如,故无感光功能,视野表现为生理盲点。

四、眼内腔和内容物

1．前房、后房和房水

（1）解剖 角膜之后晶状体之前的空隙充满了房水,被虹膜分隔为前房和后房,前房中部深约2mm,前房水含量为0.1ml,后房水含量为0.06ml（图1-5-22）。

（2）生理 房水由睫状突分泌,由前房角部经小梁网组织流入巩膜静脉窦。房水调节着眼内压力,房水的产生过多和排泄不足是形成高眼压性青光眼的原因。

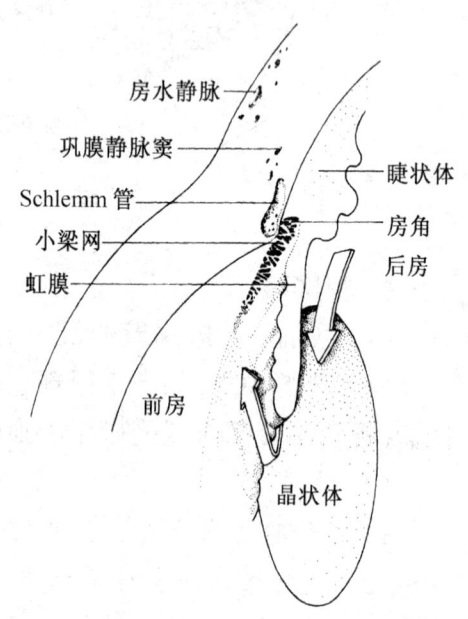

图1-5-22 前房、后房和房水

2．晶状体

（1）解剖 晶状体位于虹膜的瞳孔之后,玻璃体之前,直径约10mm,厚约4mm。晶状体分为前面和后面,两面相交于赤道部,睫状小带即附着于赤道部。

晶状体宛如洋葱,由外向内分为囊膜、前囊下上皮、基质皮质层、核层（图1-5-23）。

（2）生理 在睫状肌松弛的状态下,晶状体前面曲率半径约为10mm,后面曲率半径约为6mm,均为凸面光学界面,因而晶状体为一凸透镜,其折射率约为1.406。但由于其前后均为折射率较高（约为1.336）的房水,使晶状体的屈光力小于角膜,仅占眼的总屈光力的25%~

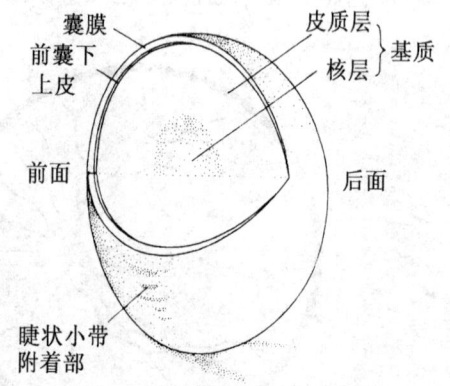

图1-5-23 晶状体

30%,约为 16.00D~20.00D,成为眼的另一重要的屈光因素。

晶状体凸度的调整可以改变眼的屈光状态,由于晶状体凸度的不断改变,其焦距不断变化,使人眼能够看清不同距离的目标。当年老时,晶状核发生硬化,使其不能依照睫状肌的调节增加厚度,则发生老视。

3. 玻璃体

(1) 解剖　玻璃体是一种透明凝胶,位于眼球的玻璃体腔内,前面与晶体后面相吻合,后面与整个视网膜紧密接触。凝胶由胶原纤维网所组成,含有粘多糖、透明质酸和约 99% 的水分。

(2) 生理　玻璃体的主要生理功能是导光和固定视网膜与巩膜色素上皮层之间的附着关系。高度近视眼,玻璃体发生液化和混浊。玻璃体混浊的情况下,采用光学眼镜矫正视力受到一定影响。玻璃体液化还可能招致视网膜脱离。视网膜脱离引起的视力下降,光学眼镜则无法矫正。

第二单元　影响视觉的原因分析

一、概述

1. 视力下降
(1) 突发性视力下降
1) 单眼　外眼可见　急性角膜炎、急性虹膜炎和急性闭角型青光眼等。

外眼正常　玻璃体内出血、视网膜血管栓塞及伪盲等。

间断性　视网膜动脉痉挛。

2) 双眼　药物中毒、假酒中毒等。
(2) 渐发性视力下降
1) 非屈光性　角膜疤痕、慢性葡萄膜炎、慢性青光眼、玻璃体混浊、视网膜脱离、黄斑变性和弱视等。

2) 屈光性远视力异常　近视、近视散光。

近视力异常　远视、远视散光、老视。

远近视力均异常　高度散光、体质衰弱。

2. 视野缺损
(1) 周边及中心视野缺损。
1) 管状视野　晚期青光眼及视网膜色素变性等。
2) 单眼象限性缺损　视网膜血管分支栓塞。
(2) 单眼暗点　黄斑变性、中心性浆液性视网膜炎和视神经炎等。

(3) 双侧偏盲　视交叉以上的血管病变、肿瘤等。

3．其他视觉异常

(1) 黄色视　口服驱虫药(山道年)或乙胺碘呋酮。

(2) 虹视　青光眼、角膜营养不良和隐形眼镜诱发的角膜水肿等。

(3) 夜盲　慢性青光眼、视网膜色素变性及维生素A缺乏。

(4) 昼盲　中央性角膜白瘢、白内障等。

(5) 飞蚊症　玻璃体混浊、葡萄膜炎、眼内出血等。

(6) 闪光感

1) 一过性闪光　玻璃体脱位、压迫闭着的眼等。

2) 固定性星点　皮质枕叶病变。

(7) 视物变形

1) 小视症、大视症　中心性视网膜炎。

2) 扭曲视　视网膜脱离、眼底肿瘤或戴高度散光眼镜等。

(8) 复视

1) 单眼　角膜或晶状体不规则混浊、散光矫正不彻底等。

2) 双眼　斜视、单侧眼球突出等。

二、视力下降的常见眼病

1．角膜疤痕

由于炎症、感染、外伤等原因引发。角膜可见无定形白色疤痕,半透明者称为云翳,不透明者称为白瘢(图1-5-24)。通常不会发展,也不会好转,发生在瞳孔区则影响视力,用光学的方法不能矫正。

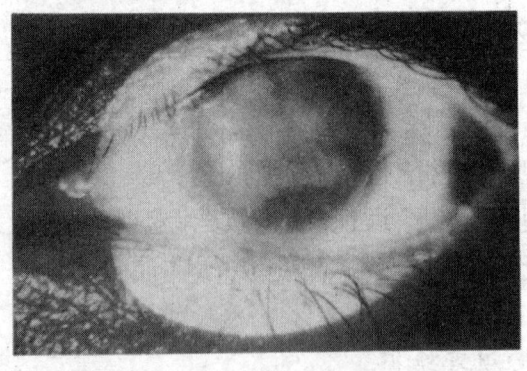

图1-5-24　角膜疤痕

2．白内障

由于外伤、中毒、年老等原因所致。瞳孔区所见的晶状体呈均匀的或局限性的白色混浊(图1-5-25),过熟期白内障呈黄棕色。有进行性加重的趋势,不同程度地影响视力,用光学的方法不能矫正。早期老年性核性白内障,可试用近视镜提高视力。

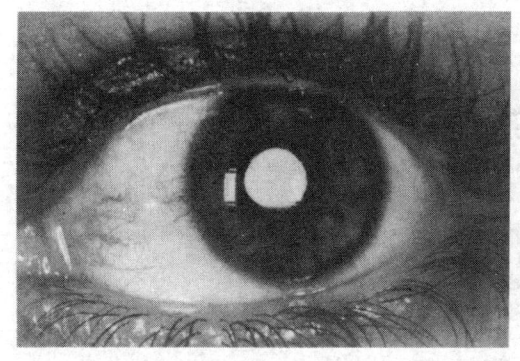 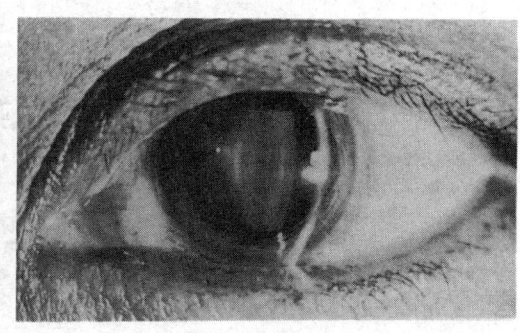

图1-5-25　白内障

3．玻璃体混浊

由于葡萄膜炎症、视网膜血管出血、外伤、肾炎、高度近视及年老等原因所致。患者可见眼前黑色斑点漂游,随眼球转动方向移动,称为飞蚊症。在检眼镜下,可检出玻璃体内浮游物及眼底变化,重症进行性影响矫正视力。

4．老年性黄斑部退行变性

发生于老年人,由于中央区脉络膜毛细血管硬化、栓塞所致。表现为中心视力日渐减退。检眼镜见黄斑区黄色小点,重症可见黄斑区呈灰白色,该症无特殊疗法,无法用通常的光学方法矫正视力。

5．视网膜脱离

高度近视眼、外伤、渗出性及增生性视网膜炎都可诱发视网膜脱离。患者早期有闪光视、视野自周边向中央缩小、视力进行性减退、眼压下降、眼底可见视网膜部分呈灰白色或青灰色隆起和皱缩(图1-5-26),或可见圆形、马蹄形裂孔。无法用光学方法矫正视力。

6．视网膜色素退行变性

原发性遗传性疾病。早期表现为夜盲、视野进行性缩小、中心视力进行性减退,眼底见视盘黄白色蜡样萎缩,视网膜可见骨细胞样色素沉着(图1-5-27)。不能用光学镜片矫正视力。

7．视网膜中央静脉栓塞

由血管硬化、高血压、肾炎及糖尿病等诱发。表现为视力极度减退,或在单眼的某方位呈扇形的视野缺损,无法用光学眼镜矫正。检眼镜检查可见静

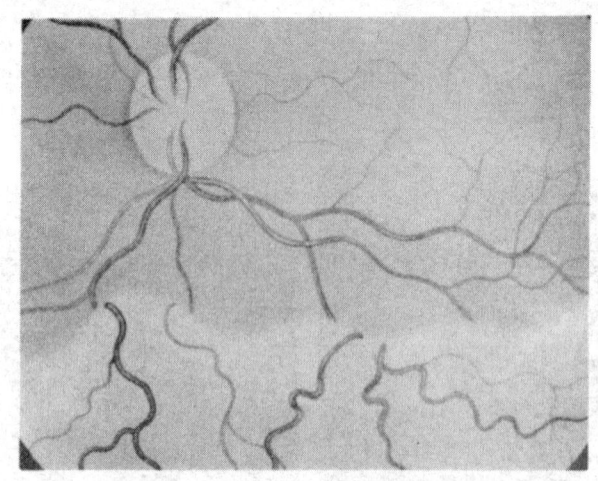

图 1-5-26 视网膜脱离

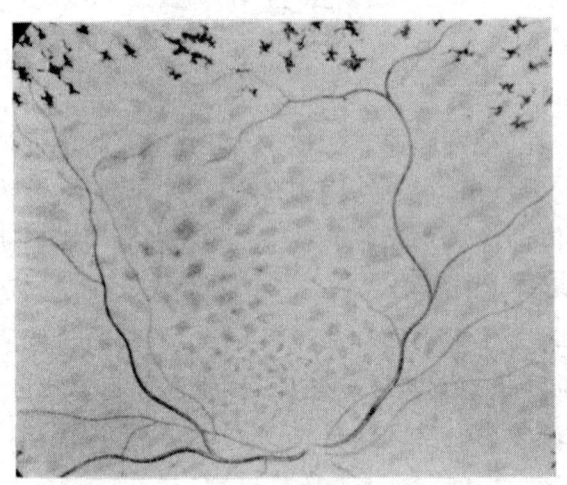

图 1-5-27 视网膜色素退行变性

脉迂曲增粗,眼底出现火焰状或不规则状出血(图 1-5-28)。

8. 视神经炎

由于色素膜炎、眶内感染、扁桃体炎或鼻窦炎引发,或因脑膜炎、糖尿病及酒精、铅、奎宁等中毒所致。前期视力显著减退,头痛,眼球后疼痛,见视盘水肿,边缘模糊,有渗出及出血(图 1-5-29)。炎症消退后视盘呈苍白萎缩。本症无法用光学方法矫正视力。

9. 青光眼

(1) 闭角型青光眼

表现为眼痛眼胀、头痛恶心、视力减退、球结膜混合性充血、角膜混浊、前房浅、瞳孔大、对光反射迟缓、眼压显著增高,眼底见视神经萎缩。患者常于间

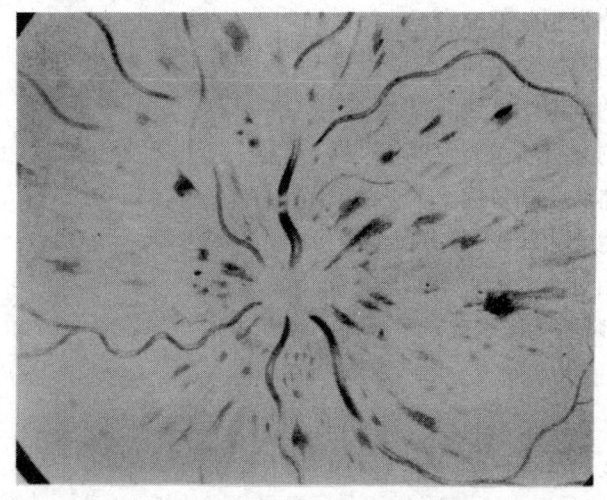

图 1-5-28 视网膜中央静脉栓塞

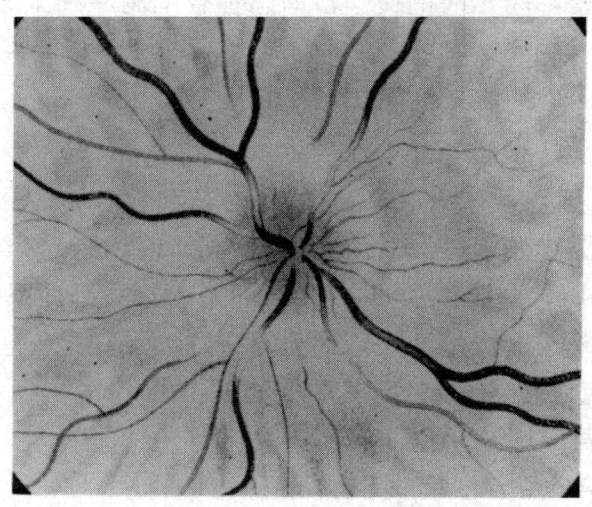

图 1-5-29 视神经炎

歇期或慢性期请求配镜,不能用光学眼镜矫正视力。

(2) 开角型青光眼

常发生于双眼,病程隐蔽缓慢,表现为轻度眼胀、视力疲劳、头痛、视野进行性缩小、眼压增高、眼底见视盘生理凹陷扩大。光学眼镜不能改善视力及视野。

思考题

1. 试述视器官的构成。
2. 试述眼的附属器包括哪些成分。

3. 试述结膜分为哪些部分。

4. 试述泪液的分层和生理功能。

5. 试述斜视的解剖学原因。

6. 试述角膜的分层和主要生理特性。

7. 试述睫状体的生理特性。

8. 试述视细胞分为几类,各有何生理特性。

9. 试述角膜疤痕的临床表现。

10. 试述白内障的临床表现。

第六节 眼屈光学知识

外界物体本身发出的或反射出的光线,通过眼的屈光系统折射和调节后,在视网膜上结成清晰缩小的倒像。视网膜视觉细胞受到不同程度的光刺激,转变成神经冲动,通过视神经传导至大脑皮层视觉中枢,遂产生视觉。

一、眼屈光系统

(一) 眼屈光系统的组成

眼屈光系统是由角膜、房水、晶状体、玻璃体四种屈光介质所组成。其与空气的境界及各屈光介质相互间之境界面均为球面,因此眼的屈光系统可以看作是数个透镜所组合成的共轴球面系统,故也具有三对基点:一对焦点、一对主点、一对结点(图1-6-1)。其数值如下:

前焦点(距第一主点位置) -17.05mm

后焦点(距第二主点位置) +22.78mm

第一主点:1.348 mm

第二主点:1.602 mm

第一结点:7.078 mm

第二结点:7.332 mm

上述两主点和两结点位置均极为接近,故可分别视为一个主点及一个结点,即下文述及的简化眼状态。其中结点是整个屈光系统的光学中心,任何光线通过此点不被屈折。

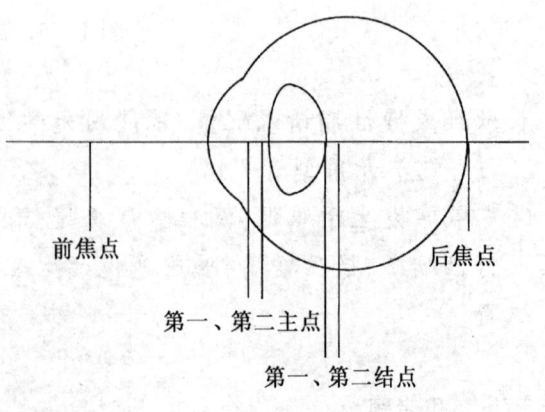

图1-6-1 眼屈光系的三对基点

(二) 眼屈光系统的光学常数

眼轴长度 24.387mm;

眼总屈光力(静止时) +58.64D。

表 1-6-1 眼屈光系统的光学常数表

屈光介质	折射率(屈光指数)	屈光力(D)	曲率半径(mm)	厚度(深度)(mm)
角　膜	1.376	+43.05	+7.7(前) +6.8(后)	0.5
房　水	1.336			3.0~3.1
晶状体	1.406	+19.11	+10 (前面静止时) -6 (后面静止时)	3.6 (静止时)
玻璃体	1.336			

(三) 简化眼(简略眼,简约眼)

眼睛是一个复杂的光学系统,依上述眼的光学常数所模拟的人眼屈光模型称模型眼。但为便于理解和实用,乃依光学原理将其进一步简化:眼球的各屈光单位以一个曲率半径为 5.73mm 的单一折射球面代替,(图 1-6-2),该球面位于角膜后 1.35mm,其一侧为空气,另一侧为 $n=1.336$ 的屈光介质,结点或光学中心即该球面曲率中心,位于角膜前表面后方 7.08mm 处;前焦距 -17.05mm,后焦距 +22.78mm,总屈光力为 +58.64D。简化后的模型眼即称简化眼。

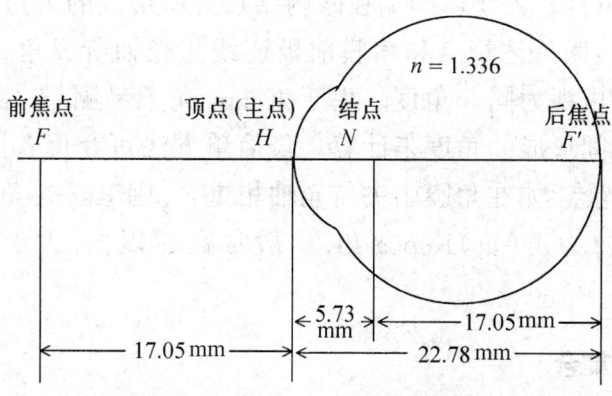

图 1-6-2 简化眼模式图

(四)眼球的轴及角(图1-6-3)

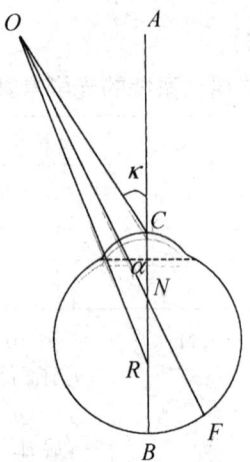

图1-6-3 眼球的轴与角
C—角膜几何中心;B—眼球后极;F—黄斑中心凹;N—结点;R—回旋点;
AB—光轴;OF—视轴;OR—固定轴;∠OCA—κ角;∠ONA—α角

1. 光轴(眼轴):通过角膜表面中央部(前极)的垂直线,眼的结点、回旋点均在光轴上。该轴于巩膜后面相交点为眼球后极。前后极的距离即眼轴长度。

2. 视轴:眼外注视点通过结点与黄斑的连线。

3. 固定轴:眼外注视点与回旋点的连线(回旋点:设眼球在眶内是围绕一中心点转动,该中心约位于简化眼角膜后13.5mm处)。

4. 视角(α角):外界物体两端在眼内结点处所形成的夹角。

5. Kappa角:眼外注视点和角膜前极连线与光轴所成角。视角与Kappa角在临床上大致可视为同一角度。由于Kappa角不易测量,常以光轴与视轴在角膜的反光点间形成的角度来计算。最简单方法可令患者注视33cm处灯光,观察角膜反光点,如在角膜中央与光轴相重合,则Kappa角为0;如在角膜中央鼻侧(颞侧),为正(负)Kappa角,一般常在5°以内,大于7°左右似有外斜。

二、调节与集合

(一)调节作用

正视眼静止时,从无限远处物体发出的平行光线经眼的屈光后形成焦点在视网膜上,故看远清楚,而近处物体(A)所发出的散开光线势必结像于视网膜后(A'),遂看不清;人眼乃通过改变晶状体曲率以增加眼的屈光力使近距离物体仍能成像在视网膜上达到明视,此种作用机制称为眼的调节。

1. 调节机制:

调节机制至今虽在争论,但一致认为在此过程中晶状体曲率增加,从而使其屈光力大大增强,参加调节作用的组织主要有:晶状体、睫状肌、悬韧带。三者关系异常密切,当睫状肌静止时,悬韧带紧张,晶状体扁平,屈折力减弱,此为调节休止,又曰眼的静止状态;但当睫状肌收缩,睫状突形成的环缩小,悬韧带松弛,晶状体遂藉其固有的弹性变凸,使其屈折力加强,此即眼的调节状态(图1-6-4)。

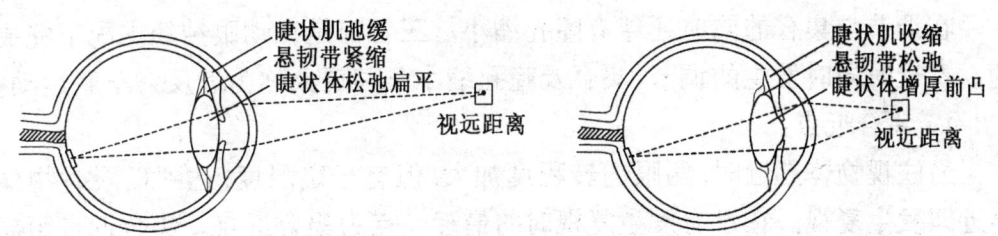

图1-6-4 眼的调节作用

2. 调节范围与调节力、调节幅度:

(1) 调节远点:在光学中,相对应的物点与像点称为共轭焦点。

当调节静止时,与视网膜黄斑部相共轭的视轴上一点称为调节远点。换言之,即调节静止时,自远点发出的光线恰好聚焦在视网膜上。由此可知,正视眼远点为无限远距离;近视眼远点在眼前有限距离;远视眼远点在眼后,为虚性的。

(2) 调节近点:当眼运用全部调节力量能看清的眼前最近一点。换言之,即调节作用最强时自近点发出的光线恰好聚焦在视网膜上。

(3) 调节范围:调节远点与近点间的任何距离均能运用调节达到明视,这范围即称调节范围。

(4) 调节力:调节作用时,因晶状体变化而产生的屈光力,以屈光度为单位来表示。

$$调节力(D) = 1/调节距离(m) \qquad (1-6-1)$$

(5) 调节幅度:注视远点时与注视近点的屈光力之差称作调节幅度(绝对调节力,最大调节力)

$$调节幅度(D) = 1/近点距离(m) - 1/远点距离(m) \qquad (1-6-2)$$

而1/远点距离(m)即为非正视眼屈光不正度,故上述公式可改变为:

$$\text{调节幅度} = \text{注视近点的屈光力} + (\pm \text{屈光不正度}) \quad (1-6-3)$$

设 A 为调节幅度，R 为远点时屈光力，P 为注视近点的屈光力，则

$$A = P + (\pm R) \quad (1-6-4)$$

如正视眼——远点为无限远，测其近点为 10cm，$P = 100/10 = 10.00D$，调节幅度 $A = 10 + (1/\infty) = 10.00D$。远视眼（+2.00D 的远视眼），测其近点也为 10cm，$A = 10.00 + (+2.00) = 12.00(D)$。

（二）集合作用

当近视近物时，除上述调节作用外，双眼还必须同时向内转动，使视轴能正对物体，这种作用称为集合。

在调节与集合的同时还伴有瞳孔缩小。三者都是在动眼神经支配下完成的。看近时同时发生的调节、集合及瞳孔缩小三种现象称为近反射三联运动。

1. 集合近点：

当注视物体趋近时，两眼内转程度加大，但有一定限度，达到极限时物体再近即发生复视。在没有发生复视时的最近一点为集合近点。集合近点距离以米为单位。

2. 集合角：

集合程度的强弱以米角（Ma）示之，当注视眼前 1m 处物体时，两眼视轴与两眼中心垂线所夹的角如图 1-6-5 所示，$\angle R_1 C R_2$ 即为 1 米角。

R_1、R_2 为左眼、右眼回旋点。

$Ma = 1/\text{集合距离}(m)$

故注视 2m 距离物体时

$Ma = 1/2 ma$

注视 33cm 物体时

$Ma = 100/33 = 3ma$

米角的大小因每人瞳孔距离的大小而不同。

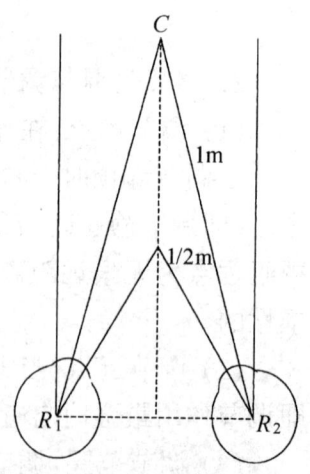

图 1-6-5 眼的集合角

（三）眼的屈光与调节及集合的关系

1. 正视眼的调节力与集合力相一致。

注视物体距离	1m	50cm	33cm
调节力	1.00D	2.00D	3.00D
集合力	1ma	2ma	3ma

故调节力与其集合力一致。调节力与集合力互相协调。

2. 近视眼注视物体时所使用的调节力依其近视度而减弱。

如：-1.00D近视眼注视物体距离	1m	50cm	33cm
调节力	0	1.00D	2.00D
集合力	1ma	2ma	3ma

故调节力与集合力,二者处于不协调状态。

3. 远视眼注视物体时所使用的调节力依其远视度而加强。

如：+1.00远视眼,注视距离	1m	50cm	33cm
调节力	2.00D	3.00D	4.00D
集合力	1ma	2ma	3ma

故调节力大于其集合力,二者处于不协调状态。

上述调节与集合不协调的情形也有一定限度,在一定范围内不会有不适感觉,但超过此限时就会引起相当不适,结果调节与集合两者间必择其一,因为获得清楚的物像要比维持双眼单视对学习及工作更为有利,遂维持调节放弃双眼单视,终之使一眼偏斜成为斜视。如远视眼常易发生内斜视,近视眼则易发生外斜视。

三、屈光不正

眼球的屈光(屈折)作用,乃眼的光学性质。当眼运用调节使近距离物体清晰在视网膜成像是为动态屈光。近点是眼作最大调节所能看清的最近点,1/近点距离(m)即反映了人眼动态屈光力。而当调节作用完全静止,依眼自身的结构,主要是依其角膜、晶状体屈折力和眼轴长度、屈光指数之间的相互关系,所呈现的屈光状态,称为静态屈光。有正视眼和非正视眼两大类别。1/远点距离(m)系人眼的静态出光力如为非正视眼这亦即是其屈光不正度。

调节作用休止时眼屈光状态有两大类别:正视眼与非正视眼。

正视眼:远离5m外物体发出的或反射的平行光线经眼屈光系统屈折后,能在视网膜上成一焦点,故可形成一清晰物像,是为正视眼(图1-6-6)。其远点在无限远。

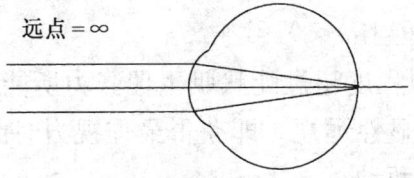

图1-6-6 正视眼的结像及远点

非正视眼:调节静止时,平行光线经眼屈光系统屈折后不能成焦点在视网膜上,称为非正视眼或屈光不正。下面就远视眼、近视眼、散光眼、屈光参差分述之。

（一）远视眼

1．远视眼的屈光

当眼调节静止时，平行光线经眼屈折后聚焦于视网膜后(图1-6-7)，故外界物体在视网膜上不能成一清晰物像。若由视网膜反射出来的光线，出眼后就必然是散开的，在眼前不能相交，将此散开光线反向延长，势必在眼后聚焦于一点，该点即远视眼的远点，是虚性的。

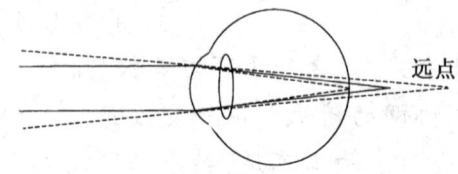

图1-6-7　远视眼的结像及远点

2．分类

(1) 轴性远视：眼轴过短，此为最常见的一种。实际上，短眼球是人类正常发育过程中一个阶段，若发育不全，眼轴每短缩1mm，约有+3.00D屈折力之减弱，即+3.00D远视。

(2) 曲率性远视：眼轴长度正常，但角膜、晶状体弯曲度减弱所致。

(3) 指数性远视：为角膜或晶状体屈光指数偏低所致。

3．远视眼与调节关系

远视眼看外界任何物体都要动用调节，故调节与远视眼密切联系在一起。依照调节对远视眼的影响，可将其分为：

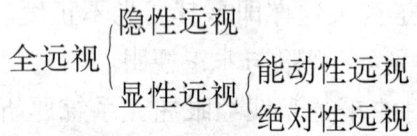

(1) 隐性远视：正常情况下，睫状肌具有一定程度的张力，只要晶状体的弹性尚未减弱，此张力就可使晶状体的部分弹性起作用，从而代偿部分的远视度，该远视度称为隐性远视。

(2) 显性远视：远视程度超过睫状肌生理张力所能代偿的范围，未被代偿的剩余部分远视度称为显性远视。即获得最佳视力时的最高正镜度就代表显性远视。其又包括以下两种：

1) 能动性远视：显性远视中可在全部调节作用调动下达到克服的远视度称为能动性远视。

2) 绝对性远视：显性远视中通过全部调节作用仍未得到克服的远视度为

绝对性远视。即矫正到最佳视力的最低正镜度。

例如：某远视者未麻痹睫状肌前的裸眼视力及矫正情况

视力 0.5

+0.50D=0.8　在眼前逐渐增加正镜度,直到刚能看到 1.0 为止。

+1.00D=1.0　获得最佳视力的最低正镜度,这+1.00D 即为绝对性远视度,是用调节不能代偿的部分。

+1.50D=1.0　在此基础上继续增加正镜度。

+2.50D=1.0　获得最佳视力的最高正镜度,这+2.50D 即为显性远视

+3.00D=0.8　能动性远视为矫正到最佳视力的最高与最低正镜度差,即+2.50D-(+1.00D)=+1.50D,这+1.50D 是其能运用调节所能克服的远视度。

当该患者用阿托品麻痹睫状肌后,视力为 0.2。

视力 0.2

　　　　+0.50D=0.5
　　　　+1.00D=0.6
　　　　+3.00D=1.0　全远视度
　　　　+4.00D=0.8

隐性远视度=+3.00-(+2.50D)=0.50D

经用阿托品麻痹睫状肌后,要加到+3.00D 才能把视力提高到 1.0,这就是全远视度,其与显性远视之差便是隐性远视。

4．临床表现：

(1)视力减退：视力减退的程度是依远视度和年龄(调节力)而决定。

(2)视疲劳：因远视眼无论看远近物体均需调节,故在近作业时常会出现视力模糊、眼胀、眼睑沉重,眼内疼痛或额部、颞部疼痛等视疲劳症状。调节还能引起调节痉挛,而呈现假性近视。

(3)内斜视：远视眼视物时所需调节较正视者大,基于调节与集合的密切关系,遂过多兴奋内直肌,久之呈现内斜视状态。

(4)眼底变化：一般远视者眼底多无异常,但中度以上者,每出现视盘变化症候,如充血、肿胀等,又称假性视神经炎。

(二) 近视眼

1．近视眼的屈光：

当眼调节静止时,平行光线经眼屈折后聚焦于视网膜前,故外界物体在视网膜上不能成一清晰物像。若由视网膜反射出来的光线,出眼后必然是集合

光线,其焦点位于眼前有限距离,此即近视眼的远点(图1-6-8所示)。

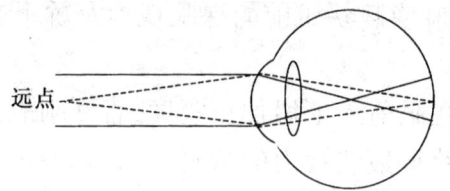

图1-6-8 近视眼的结像及远点

2．分类：

迄今有多种分类方法,诸多差异,尚难统一。现介绍常见的依屈光成分、依近视性质和依调节因素参与否的三种分类方法。

(1)依屈光成分分类：

1)轴性近视：眼轴过长所致。

2)曲率性近视：角膜、晶状体弯曲度加强所致。

3)指数性近视：屈光介质折射率过高所致。

(2)依近视性质分类：

1)单纯性近视：在发病原因上,遗传及环境均有关系,遗传为多因子遗传,主要为环境因素。屈光度常在-6.00D以下,可用镜片矫正到正常视力。

2)变性近视：本病以遗传因素为主,环境因素次之,系常染色体隐性遗传病,多为先天性,一般于儿童时起病,不断加重,平均每年增加1.00D或1.00D以上,矫正视力往往低于正常,查其眼轴加长,常伴有眼底病变,并易发生视网膜脱离、白内障等并发症。

3)继发性近视：指由其他眼病及全身疾病引起者,如圆锥角膜、糖尿病等所致近视。

(3)依是否有调节因素参与分类(中华医学会眼科学会眼屈光学组1986)：

1)假性近视：是指在常态调节情况下,远视力降低、近视力正常、检影为近视性屈光不正,用负镜可矫正达正常视力。当使用睫状肌麻痹药物后检查,近视消失,呈现为正视或轻度远视。为调节紧张所致,通常发生在儿童及年轻人。

2)真性近视：即通常的近视眼,指使用睫状肌麻痹剂后检查,近视屈光度未降低或降低度数小于0.25D,系器质性因素,与调节无明显关系。

3)中间性近视(混合性近视)：指使用睫状肌麻痹剂后检查,近视屈光度降低小于或等于0.50D,但并未完全消失,说明这类近视既有调节因素,也有器质性因素。

3．病因：

近视眼发生原因至今尚有争论，目前仍属认识阶段。一般认为遗传与环境两个因素对近视眼发生、发展起着一定作用：

（1）遗传因素：

种族因素：不同国家不同种族人群中的近视发生率差别很大。如日本及我国近视发病率较高，黑种人发病率较低。而且不因所居住的地区不同而改变，说明种族差异是遗传作用。

家族因素：近视眼有一定遗传倾向，一般近视眼属多因子遗传，变性近视为常染色体隐性遗传，并均受环境因素影响。

（2）环境因素：对近视有影响的环境因素很多，其中主要是视近负荷的增加。动物实验及流行病学资料证实长久紧张的视近作业与近视眼发生密切相关。当然照明条件不足、营养成分失调、微量元素缺乏、有机磷农药污染等等也均有影响学生近视发生的报道。

4．临床症状：

（1）视力：远视力降低。

（2）视疲劳：轻度近视常不自觉，但也每有主诉头痛及眼睛疲劳者，乃因近视眼在视近时少用或不需调节，但仍需集合以维持双眼单视，故调节与集合功能不协调，遂引起肌性视疲劳。

（3）眼位：由于上述调节与集合功能的不协调，近视眼容易发生外隐斜。

（4）眼底：低度近视一般不会出现眼底变化，高度近视者可有眼底退行性改变。

（三）散光眼：

1．散光眼的屈光（图1-6-9所示）：

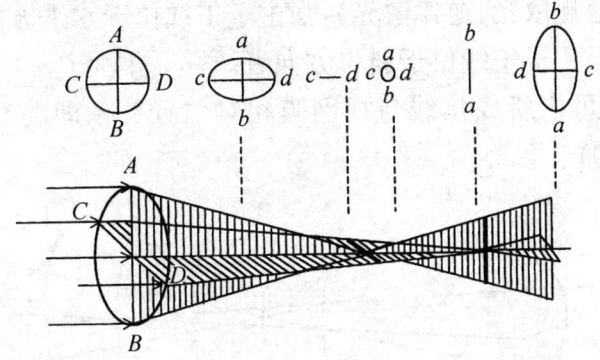

图1-6-9 散光眼的屈光状态：Sturm光锥（史氏光锥）

当眼调节静止时,平行光线经眼屈折后,由于屈光系统各子午线屈光力不同,引起不同的聚散度,故不能在视网膜上聚成焦点,而是在不同距离处形成两条焦线,两焦线间距离代表散光程度。因视网膜上所呈现的仅为一弥散环或一线,故患者无论视远近物体均感模糊不清。如两主子午线互成直角,则可用圆柱透镜矫正,使两焦线合并在视网膜上重成一焦点,此亦即柱镜矫正规则散光之机理。

2. 分类:

(1) 依原因分类:

1) 角膜散光:源于角膜前表面各子午线曲率不同,最常见的是垂直弯曲度较水平者大(与眼睑经常压迫有关),故其屈折力也较水平子午线为强,相差值大约 0.25D 左右,属生理性,为生理性散光。后天的获得性散光可因角膜病变(如圆锥角膜、角膜炎等)或眼手术后引起,多为不规则散光。

2) 残余散光:可由其他屈光因子所致,如晶状体弯曲异常、位置倾斜、各部折射率不一致等引起。

3) 全散光:上述角膜散光与残余散光之和。

(2) 依强弱主子午线是否垂直相交(可用镜片矫正)分类:

1) 不规则散光:各子午线屈光力不同,均无一定规则,即使同一子午线因其扭曲不正,折射率又不一,其屈光力也不同。故该类散光不能用度数定量。多由角膜病变引起,不能用镜片矫正。

2) 规则散光:两个主子午线(即屈光力最大的与屈光力最小的子午线)互相直交,可用镜片矫正的散光,称为规则散光。

规则散光可依强主子午线方向分为:

顺例散光(顺规散光、顺律散光):强主子午线位于垂直方向者。

反例散光(逆规散光、逆律散光):强主子午线位于水平方向者。

斜向散光:强主子午线位于斜位方向者。

规则散光还可依所成焦线与视网膜相对位置关系即各经线屈光状态分为:(图 1-6-10)

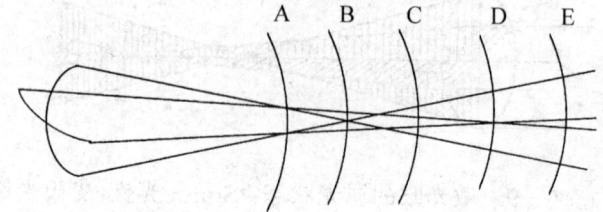

图 1-6-10 规则性散光依所成的焦线位置分类(顺律散光)

单纯远视散光:一条焦线落在视网膜上,另一条焦线在视网膜后(B)。
单纯近视散光:一条焦线落在视网膜上,另一条焦线在视网膜前(D)。
复性远视散光:两条焦线均落在视网膜后(A)。
复性近视散光:两条焦线均落在视网膜前(E)。
混合性散光:一条焦线在视网膜前,另一条焦线在视网膜后(C)。

3．临床表现:

(1) 轻度散光可无任何感觉,间有于视近作业时感眼睛疲劳。

(2) 稍重者无论视远物、视近物,均感模糊不清,患者常有把眼睑半闭眯成缝隙的习惯,企图以此使物体看得较清晰。

(3) 视力减退,且常似有重影。

(4) 视疲劳:散光眼每企图通过调节克服视物模糊,但调节不可能同时补偿不同子午线的不同屈光状态,却极易引起调节性视疲劳,头部重压感、眼胀、流泪等。症状的轻重不一定和散光程度成正比。

(5) 弱视:多见于高度散光,特别是远视散光,因其看远看近都不清楚,视觉得不到锻炼。易于发生弱视,继之又有发生斜视的倾向。

(四) 屈光参差

两眼屈光度不等,当相差 2.50D. 以上者称为屈光参差。

1．类型:依两眼屈光状态的差异分为:

(1) 一眼为正视,另一眼为非正视眼:单纯近视屈光参差
　　　　　　　　　　　　　　　　单纯远视屈光参差
　　　　　　　　　　　　　　　　单纯散光性屈光参差。

(2) 复性屈光参差:两眼均为非正视眼,但程度不等,
　　　　复性近视屈光参差
　　　　复性远视屈光参差
　　　　复性散光性屈光参差

混合性屈光参差:一眼远视,另一眼为近视。

2．屈光参差的成因:在眼的发育过程中,眼轴长度在逐渐增加,伴随角膜和晶状体逐变扁平,故远视的度数在不断减轻,而近视的度数在不断进展,如果两眼的发展进度不同,就可能引起屈光参差。除发育因素外,外伤或角膜病变、白内障手术后等亦引起屈光参差。

3．屈光参差的症状:

(1) 双眼视觉:存在轻微的屈光参差者,多数人得到双眼视觉,但屈光度每相差 0.25D,物像大小就要相差 0.5%,如两眼视网膜物像大小超过 5%,则

无法融合,故2.50D是两眼屈光参差最大耐受度。屈光参差者可经常产生视疲劳的综合症状。

(2)呈现交替视症候,此多为一眼正视或轻度远视,另一眼近视。当其视远距离物体时,以其正视或远视之眼视之,视近距离时,则用近视之眼视之,如此互相交替而视,很少用调节,因而不出现视疲劳症状。

(3)单眼视症状:若两眼屈光参差甚大,则视物只用视力较好的眼,成为单眼视,另一眼被抑制废用,进而产生废用性弱视。

(4)斜视:屈光参差本身不会引起斜视,大多是屈光参差性弱视眼致废用性斜视。

思考题

1. 眼屈光系统是由哪几部分组成?
2. 何谓简化眼?
3. 光轴、视轴、固定轴、视角的定义。
4. 调节及调节机制。
5. 什么是调节远点?调节近点?调节范围?调节幅度?
6. 试述正视眼、近视眼、远视眼的远点。
7. 眼的调节能力与年龄有什么关系?
8. 未矫正的近视眼、远视眼,观察近物所需要的调节力与正视眼有何不同?如−2.00D的近视眼与+2.00D的远视眼未矫正时阅读33cm远处的书刊时,所作的调节是多少?
9. 何谓集合?何谓米角?当两眼同时注视4m远处物体时所作的集合是多少米角?
10. 试述调节与集合的关系。
11. 绘图说明远视眼的屈光特性。
12. 何谓隐性远视、显性远视、能动性远视、绝对性远视?举例说明之。
13. 绘图说明近视眼的屈光特性。
14. 近视眼的分类。
15. 近视眼的病因。
16. 绘图说明散光眼的屈光特性。
17. 散光眼的分类。
18. 屈光参差的临床症状。

第二章 接 待

第一节 分析处方

第一单元 处方中的名词术语

一、学习目标

能看懂配镜处方中的名词术语及缩写。

二、学习内容

(一) 概述

接待顾客是配镜工作的第一环节。它是实现验光目的,使顾客配戴的眼镜具有良好的视力感,且使用舒适、外观美丽的重要途径。

(二) 处方内容

处方是配镜的依据。准确无误地理解处方极为重要。

处方内容主要包括:反映眼的屈光状态;所需的矫正镜度;瞳孔距离及配镜的使用目的。通常,眼的屈光状态是通过处方具体的矫正镜度来体现。负球镜矫正近视,正球镜用于远视或老视,负柱镜和正柱镜分别反映近视散光和远视散光。轴向表明散光出现的方位;处方的瞳距数据决定配镜的光心距;远用镜度反映屈光不正,使用上既可视远也可视近。近用镜度说明出现老视,使用只限视近。

(三) 处方常用简略字与符号

略写字符	外文	中文
Rx	Prescription	处方
DV	Distance Visual	远用
NV	Nigh Visual	近用
R、RE	Right Eye	右(眼)
L、LE	Left Eye	左(眼)
BE	Both Eye	双眼

OD(拉丁文)	Oculus Dexter	右眼
OS(拉丁文)	Oculus Sinister	左眼
OU(拉丁文)	Oculus Unati	双眼
V	Vision	视力
S、Sph	Spherical	球面
C、Cyl	Cylindrical	柱面
X、Ax	Axls	轴
D	Diopter	屈光度
PD	Pupillary Distance	瞳距
P、Pr	Prism	三棱镜
△	Prism Diopter	棱镜度
BI	Base In	基底向内
BO	Base Out	基底向外
BU	Base Up	基底向上
BD	Base Down	基底向下
Add	Addition	追加
PL	Plano	平光
⌒、/		联合
CL	Contact lens	接触镜

(四)处方格式

目前国内的配镜处方尚无统一的格式,大多数为印制的表格式处方。这种处方的每个项目都已用文字(中文或外文)注明而显得清楚易懂。也有少数用便笺处方,这些处方虽然也遵循书写规范,但形式多样。作为眼镜专业人员都应了解,以便正确识别。

1. 表格式处方

例1:见表2-1-1。

表2-1-1 配 镜 处 方

姓名×××　　年龄17　　职业学生　　日期19××年×月×日

		球镜 SPH.	柱镜 CYL.	轴位 AXIS	棱镜 PRISM	基底 BASE	视力 VISION
远用 DIS-TANCE	右眼 O.D.	-14.00					
	左眼 O.S.	-13.00					

续 表

		球 镜 SPH.	柱 镜 CYL.	轴 位 AXIS	棱 镜 PRISM	基 底 BASE	视 力 VISION
近用 READ-ING	右眼 O.D.						
	左眼 O.S.						

下加光(Add)_____ 瞳距(PD)62mm

该处方为一般表格处方,屈光状态为近视,瞳距62mm作远用镜。

例2:见表2-1-2。

表2-1-2 配 镜 处 方

姓名×××　年龄__　职业学生　日期19××年×月×日

		球 镜 SPH.	柱 镜 CYL.	轴 位 AXIS	棱 镜 PRISM	基 底 BASE	视 力 VISION
远用 DIS-TANCE	右眼 O.D.						
	左眼 O.S.						
近用 READ-ING	右眼 O.D.	+2.00					
	左眼 O.S.	+2.00					

双光:下加(Add)_____ 瞳距(PD)60mm

验光师_____

由于镜度填写在近用格,参考年龄与镜度,该屈光状态为老视眼。

例3:见表2-1-3。

表2-1-3 配 镜 处 方

编号		年月日	姓名		岁	男、女
远用		球面(S)	圆柱(C)	轴位(A)	棱镜(△)	基底(B)
	右(R)	-1.00	-0.50	180		
	左(L)	-1.50	-0.75	170		
		远用瞳孔距离(PD)…………mm				
近用		球面(S)	圆柱(C)	轴位(A)	棱镜(△)	基底(B)
	右(R)					
	左(L)					
		近用瞳孔距离(PD)…………mm				

续 表

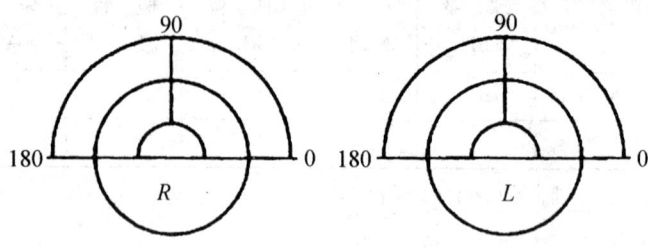

备考	
	医院眼科
医师	印

这是复合性近视散光处方。处方上注明柱镜轴位方向标记法。这种方法0°起于每眼的左侧,即右眼为鼻侧,左眼为颞侧,按逆时钟方向180°终于右侧,称为标准记法(TABO标记法),是目前最普通使用的轴位标记法。

例4:见表2-1-4。

表2-1-4 配 镜 处 方

		裸眼视力	球 面	圆 柱	轴 位	棱 镜	基 底	矫正视力
远用	右	0.4	+1.50D	+1.00D	180	2△	向内	1.0
	左	0.5	+1.25D	+0.75D	180	2△	向内	1.0
近用	右							
	左							

瞳孔距离远用63mm　　近用60mm　　验光师_____

这是球镜、柱镜联合三棱镜处方。屈光状态是复合性远视伴有斜视。

例5:见表2-1-5。

表2-1-5 配 镜 处 方

		裸眼视力	球 面	圆 柱	轴 位	棱 镜	基 底	矫正视力
远用	右	0.4	-2.00D	-0.75D	180			1.0
	左	0.5	-1.75D	-0.500D	175			1.0
近用	右		+2.00	下加				
	左		+2.00					

远用瞳距_____　近用瞳距_____　验光师_____

屈光状态是复合性近视散光,出现老视近视时需增加+2.00D镜度,近用镜度仍为近视性质,但不再是远用镜度。

2. 便笺处方

例6:

DV　BE:+3.00D

　　PD:63mm

处方用外文符号表达:双眼远视3.00D。

例7:

远用　0.2 R-1.50D -0.50D×165→1.0

　　　0.1 L-2.00D -0.50D×150→1.0

　　　　PD:64mm

处方带有视力记录。前面为裸眼视力,镜度后面为矫正视力。

例8:　　近用　　右:+5.00D

　　　　　　　　左:+5.00D

　　　　　　瞳距:62mm

正常阅读距最高老视镜度为+3.50D,该屈光状态为远视兼老视。

例9:　　远用　　右:-4.50球　-1.00柱

　　　　　　　　左:-4.50球　-1.50柱

　　　　　　瞳距:65毫米

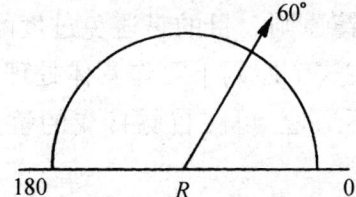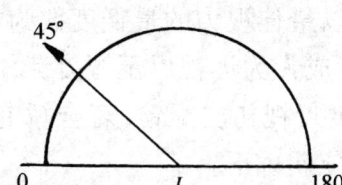

处方上没有写出散光轴向,而是用轴向标记图反映。这种轴向标记法与标准记法(见例3)不同,0°起于两眼的鼻侧,而180°终于每眼的颞侧。称为国际标记法。

上述处方用国际标记法则写成:

右:-4.50球　-1.00柱　轴60

左:-5.50球　-1.50柱　轴45

处方用标准记法则写成:

右:-4.50球　-1.00柱　轴60

左：-5.50球 -1.50柱 轴135

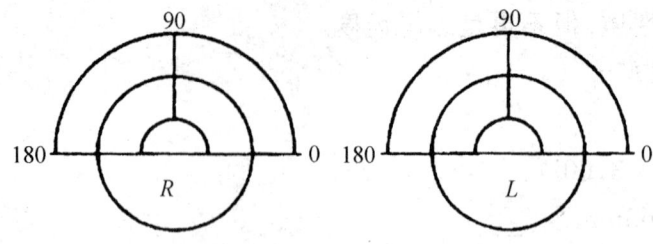

第二单元 配镜咨询

一、学习目标

能理解配镜处方中近视、远视、散光及老视的有关问题

二、学习内容

屈光不正和老视眼的配镜原则如下：

配镜处方是验光工作的结果，是验光员根据处方原则、针对具体情况作定量处理的数据。配镜工需懂得配镜的原则及一般方法，以便解答顾客提问，不可随意更改处方。

1. 近视眼

近视眼以最佳视力的最低度数为配镜原则。目的是避免过度的凹透镜引起眼调节，造成人为远视以至视疲劳。在这个原则下可作具体处理：

(1) 高度近视初次配镜，若全矫有不适应，可在自觉接受的镜度基础上，对遗留度数分期矫正。

(2) 近视眼配镜后，未能立即习惯视近使用正常调节，若配镜要照顾近用，可暂时适当减低镜度。

(3) 近视伴有外斜视者，应予全矫，不宜减浅镜度。

2. 远视眼

远视眼以最佳视力的最高度数为配镜原则。目的是最大限度地减少远视眼的过度调节，以缓解并防止视疲劳。具体处理：

(1) 除生理远视外，儿童远视者，尤其伴有外斜视者，应及时充分矫正，以防弱视。

(2) 低度远视者配镜后视远不适，可先作视近用镜，逐渐过渡到远近两用。

(3) 老年远视者,因调节力逐渐减弱,配镜镜度可以自觉接受为宜。

3. 散光眼

散光眼以消除其症状为配镜原则。如果没有因散光造成的视力下降或视力疲劳现象,属生理性散光不需矫正。但如果出现两种症状的任何一种,无论散光度数多么小,都应矫正。具体处理如下:

(1) 高度散光初次矫正有不适应,可采用球柱等值法减浅散光镜度处理。

(2) 对斜轴散光,尤其双眼轴位相互垂直者,戴镜难以接受,应设法避免轴向斜位或配戴接触镜。

(3) 不规则散光应采用接触镜。

4. 老视眼

老视眼以补偿视近调节不足为配镜原则。镜度过浅影响近视力且不能克服视疲劳;镜度过高辐辏发生困难,同样会出现眼疲劳。具体如下:

(1) 配戴老视镜后近距工作仍有不适,应作调节辐辏的检查。若正调节力不足增加球镜度,正辐辏力不足增加底朝内的三棱镜。

(2) 高度散光者配老视镜,可分别配用远用镜和近用镜,若采用双光镜,镜片冷加工需特别处理。

5. 屈光参差

(1) 眼镜矫正:眼镜只适用矫正轻度屈光参差。12岁以下儿童适应力强,尽可能及早全矫。成年人屈光参差矫正一般不超过3.00D,矫正过程有不适应,可分期进行。

(2) 接触镜片矫正:是屈光参差较理想的矫正方法。由于配戴接触眼镜视物,像的放大(缩小)率极小,故屈光参差矫正度数不受限制。

(3) 人工晶体:可用于白内障手术后产生的无晶体屈光参差。

第三单元 配 镜 订 单

一、学习目标

能规范书写定配眼镜的订单。

二、学习内容

(一) 订单

订单就是为定配眼镜的单子,也叫货单。一般有一式多联。对于配镜者来说是订货单兼发票;作为加工依据,就是眼镜厂(店)内部的施工单。

1．订单的内容：眼镜订单因眼镜厂(店)的业务范围、经营管理方式的不同，订单的内容格式各有不同，但大体包括几部分：

(1) 客户资料：编号、客户名称、地址、电话、订货及交货日期等。

(2) 处方内容：为眼镜的光学参数要求(详见第一单元)。

(3) 订货品种：镜架、镜片的货名、镜片直径、光度级别、镜片设计等，并有计价。

(4) 加工要求：多为工艺要求，如：钻孔、吊丝、染色等。也有其他要求，如加急、寄货等。

(5) 工作过程记录：加工、检验、制表、收货、发货人等签名。

2．眼镜订单形式：

(1) 眼镜订单之一：如表2－1－6所示。

表2－1－6 眼镜订单

定

姓名： 男女　　年 月 日 取　　地址：　　　　　　　电话：

货号	品名	数量	单位	单价	金额	备注
总计人民币(大写)						瞳距：　　验光：

处方		球镜	柱镜	轴位	棱镜	底向	
远用	右						鼻宽：　　付镜：
	左						直径：　　接待：
近用	右						移位：　　收款：
	左						

该眼镜订单一式五联、分存根、取镜凭证、收款存留、配架传票、镜片传票。订单格式简单清楚，方便各工作部门分录检查。加工项目和具体要求，填写在备注栏中。

(2) 眼镜订单之二：如表2－1－7所示。

表 2-1-7 视 明 店(加工单)

地址:××市人民路60号
电话:　　　　　　传真:　　　　　　邮编:
客户名称:　　　　　　客户电话:　　　　　　年　月　日

远用	R				普通架		留标记		备 注	
	L				拉丝架		去标记			
近用	R				钻孔架		要染色			
	L				车 边		有下列问题时		照做	暂不做

瞳距:_____ 瞳高:_____

		原 形	瞳距不够移		
镜架		改 形	度数相差±25		
镜片		抛边	镜片有花		
		不抛边	膜色不对		

开单:　　　　　加工:　　　　　检验:　　　　　发货:

该眼镜订单与前例有所不同,格式上侧重眼镜配制作业。订单上将加工项目及要求一一列出,既不易出现忽略或遗漏,又方便订单填写。

(3) 眼镜订单之三:如表2-1-8所示。

表 2-1-8 ××眼镜公司(发送单)

地址:××路A座13楼　　　　　　订单号:
电话:　　　　　　　　　　　　订货日期:　　年　月　日

客户编号			客户名称			邮 编		
联系人			客户地址			传 真		
电 话			送货日期			订货人		
品 种	屈光度	球镜	柱镜	轴位	镜片设计		偏心内	偏心外
	右				球 面		mm	mm
	左				非球面			
瞳距 远 近	mm mm	瞳高 mm	原镜瞳距 mm		镜片直径 m/m		白片或加膜	
下加光度	右 左		镜架型号规格					
加工要求		车边	倒边	钻孔	开槽	抛光	安装	染色	其他
计价		镜片 元			加工费 元		合计 元	

加工人:　　　　　检测人:　　　　　制表人:　　　　　收费人:

该眼镜订单较为全面。订单内容按类分栏,加工业务繁多,除装配工艺项目外,还有镜片设计等项目。

(4)眼镜订单之四:如表2-1-9所示。

表2-1-9　××眼镜厂(加工单)

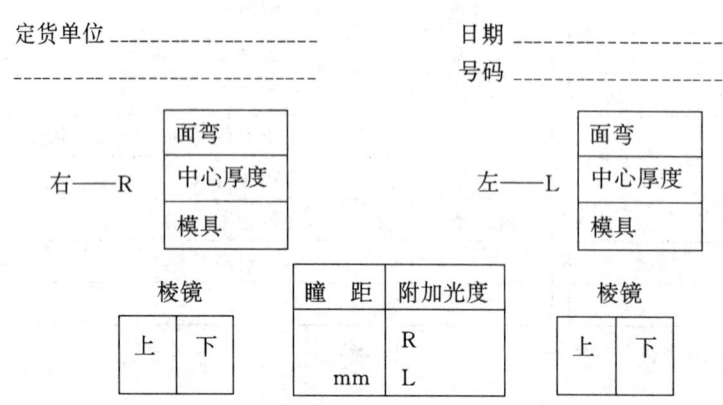

该眼镜订单实为施工单。订单上有镜片面弯、中心厚度、模具的设计。适合有镜片冷加工业务的眼镜店(厂)用。

目前,随着计算机的广泛使用,眼镜订单不局限于表格形式,电脑管理方式的订单也相继出现,为保证工作质量提供了良好条件。

(二)填写订单要求

开列订单最重要是体现正确性和完整性。订单上各项内容均要正确无误的填写,并且字迹端正。

1. 正确抄录配镜处方:按处方书写规范,处方先写右眼后写左眼,对不规范处方应作翻录;抄录镜度不要漏写符号,镜度的小数点及两位小数不可缺省;柱镜带轴位,棱镜有底向;瞳距及远用镜、近用镜反映要准确。如有数据不明确,应弄清楚再填写。

以下是常见的书写错误:

例1：+25DS/+175DC×75

由于镜度没有小数点,可解释为:

+0.25D/+1.75D×75

或+2.50D/+1.75D×75

例2：+1.00D×10°（此处应为度的符号：上档的°）

由于轴向的度符号书写的不规范，可解释为：

+1.00D×100

因此，不要在轴位上加度的符号，以免误解。

例3：便笺处方　DV：+2.00D

由于没有远用镜与近用镜不同的概念，错将远用镜度写在近用栏，至使眼镜配制加工时没有区别处理。

2．正确翻录配镜处方

(1) 正确翻录配镜处方

表2-1-10为双光镜验光处方。

表2-1-10　双光镜验光处方

姓名×××　年龄17　职业教师　　日期19××年×月×日

		球镜 SPH.	柱镜 CYL.	轴位 AXIS	棱镜 PRISM	基底 BASE	视力 VISION
远用 DIS-TANCE	右眼 O.D. 左眼 O.S.	-0.50 0	-1.00 -1.25	90 80			1.0 1.0
近用 REA-DING	右眼 O.D. 左眼 O.S.	+1.00 +1.25	+1.00 +1.25	180 170			

双光：下加(Add)_____　　瞳距(PD)64/60mm　　验光师_____

翻录成定镜单如表2-1-11。

表2-1-11　定　镜　单

		球镜	柱镜	轴位	棱镜	基底	视力
远用	右眼 左眼	-0.50 0	-1.00 -1.25	90 80			1.0 1.0
	右眼 左眼						

双光：下加(Add) +2.50　　瞳距64/60mm　　式样：_____

(2) 翻录等效球柱镜度

原处方　R　-3.50 +1.25×30

　　　　L　-4.25 +1.50×150

翻录为　R　-2.25 -1.25×120

$$L \quad -2.75 \quad -1.50 \times 60$$

(3) 翻录国际标记法轴位为标准记法轴位(见基础知识部分)。

(4) 翻录远用瞳距为近用中心距(见基础知识部分)。

3. 明确配制加工项目和工艺要求:定配眼镜加工项目很多,且有新工艺不断出现。要填写好这项内容,不但配镜员要懂得各项目的含义,而且也应让顾客明确,必要时要做解答,以免加工违背顾客意愿。

订单常见加工项目字样:

(1) 尺寸:根据处方的瞳距确定镜架的尺寸。

(2) 光心内(外)移:凡眼镜中心距大于或小于瞳距,镜片光学中心应在镜框几何中心处作相应的位移。

(3) 子片式样:指双光镜小片的式样。可由顾客自行选择。

(4) 子片高:指双光镜小片顶点在大片的位置。子片顶点垂直方向以位于大片几何中心下方计算。

(5) 基弯:为镜片屈光度基准面弯度。用于只适应原镜基弯设计的戴镜者。

(6) 开槽(吊丝):吊丝镜架的镜框,下半部分接用尼龙线,在工艺上需在镜片厚边开槽。

(7) 钻孔:无框镜架因螺丝直接固定在镜片上,工艺上需在镜片上钻孔以装螺丝。

(8) 抛边:将镜片厚边抛光,以增加美观。用于无框架镜片、高度近视镜及平光镜。

(9) 染色:为防止过量光线进入眼睛,使镜片着色的工艺。

(10) 镀膜:为增大透光率、反射、保护等目的在镜片表面镀制一层或多层光学薄膜。

(11) 留唛:配制加工后的镜片,仍保留厂商注在镜片上的防伪标记。

除上述加工项目外,修理项目也要填写清楚,明确修理部位的同时,要检查眼镜有否其他缺损与毛病,发现问题应预先与顾客说明。

4. 准确计算配镜金额:眼镜的镜架、镜片种类很多,同类商品因规格、级别、光度等不同,价格也不同。配镜工要认真计算,尤其要防止出现漏收现象。

5. 认真填写客户资料:对客户资料要逐项详细填写。目的是为加工过程必要时能及时联系顾客,同时也便于眼镜店(厂)为顾客提供售后服务、开展建立客户网络的工作。

练习题

1. 处方的常用字符有哪些？各反映何意思？
2. 处方远用格内球镜度是+3.00D，该屈光状态是什么？
3. 处方近用格内镜度为-1.50D/-0.75D×160，该屈光状态是什么？
4. 近视眼者带处方来配镜，其本人要求将处方镜度增加-1.00D，以便视物清楚，你将如何处理？
5. 如何理解远视眼以最佳视力、最高度数为配镜原则？
6. 散光眼初次戴镜有不适应，一般应如何处理？
7. 屈光参差配戴普通眼镜，一般能戴双眼参差多少度的眼镜？屈光参差最理想的光学处理方法是什么？
8. 配镜定单内容包括哪些？
9. 将处方国际标记法的轴向转为标准记法轴向：

    右：+1.50D/-2.50D×30

    左：+2.00D/-3.00D×30
10. 填写订单有哪些要求？
11. 常见配镜定单上工艺项目各常见字样的含义是什么？

第二节 介绍商品

第一单元 消费心理及购买行为

一、学习目标

了解顾客的消费心理及购买行为的规律。

二、学习内容

（一）消费心理

消费心理是顾客在购买商品活动中的心理现象及其规律。眼镜是一种商品，如何在日益激烈的商业竞争中实现其商品的价值，是每个商业营销人员所要研究的重要课题。当前随着现代科技的日新月异，生产力水平急速提高，商品日趋丰富，市场的供求矛盾也随之变得更加尖锐。为了更好地解决这一矛盾，以消费者为中心的买方市场新的市场构架及营销观念开始形成和确立。因此，了解市场中商品的交易的主体——消费者的购买心理，有助于我们掌握消费者心理活动的特点和规律,更好地确定企业的经营方针和策略,自觉主动地采取适应消费者购买心理要求的销售方法和服务方式,达到提高企业的竞争力,更好地实现企业的经济效益和社会效益之目的。

1. 一般心理过程

消费者的心理是人类一般心理的一部分,是产生在购买商品活动中的心理现象,它既表现出人们在消费活动中共同的一般心理过程,又反映出不同的个性特征。所谓一般的心理过程是指消费者在购买商品的活动中的心理认识过程、情绪过程、意志过程等三个基本心理活动的规律。

(1) 认识过程

消费者购买商品的心理活动,首先是从对商品的认识过程开始,从感觉、知觉到记忆、思维。这一过程构成了消费者购买行为过程中的认识阶段,是购买行为的前提。

消费者对商品的感觉过程,是商品直接作用于消费者相应的感觉器官而引起的,使消费者获得商品的各种有关信息及属性的资料。如消费者借助视觉和触觉将镜架的形状、色彩、轻重、粗细等商品各方面个别属性的信息直接传递给大脑,经大脑对商品感觉信息的加工、整理和综合,进而反映出商品的整体属性,商品的完整形象在消费者的头脑中形成了,达到了对商品的知觉。我们虽然把感觉和知觉分为两步,但实际上消费者对商品感觉信息加工、整理和综合后所产生的知觉往往依赖于过去的知识和经验,因而感觉到知觉的速度,常常是极为短促、很难分开的,所以人们也把感觉和知觉合二为一称之为感知。感知是认识的初步阶段,是一个感性的认识阶段,只是消费者对商品的外部特征直观的形象的认识,但是对于消费者来说,只有通过这一阶段,才能为进一步认识商品。

为了加深对商品的认识还要通过对商品的记忆和思维过程。记忆就是把过去感知过的商品和知识经验在头脑中重复地反映出来。思维过程是通过对商品感性信息的分析、比较、联想等复杂的心理活动使消费者对商品取得本质的反映,进行全面的评价。

(2) 情绪过程

在购买商品的活动中,购买行为并不都是正常思维的结果。消费者的情绪对购买行为的实现有着重要影响。因此,消费者的心理活动还有一个情绪过程。情绪是随同认识过程而出现的具有独特个性和主观体验的一种心理现象。它没有具体的形象,但可以通过神态、表情、语气和行为表现出来,如喜、怒、哀、乐。

情绪从其表现形式上可分为三类:

① 积极的情绪。如愉快、欢喜、热爱等,它能促进消费者购买欲望,促进购买决策和行为。

② 消极的情绪。如厌恶、畏惧、愤怒等。它会抑制消费者的购买兴趣与欲望,妨碍购买行为的实现。

③ 中间情绪。消费者的中间情绪,是同时存在的两种对立的情绪现象,在购买商品的活动中常常可以发现。如消费者因找到了自己渴望已久的商品而欣喜若狂,但在决定购买时,又对服务人员恶劣的态度极恼怒;又如消费者对眼镜架的款式非常喜爱,但又担心它不耐用。

影响消费者情绪的因素:

① 购买环境。宽敞明亮、美观舒适的购物环境会激起消费者愉快、舒畅的情绪。于是消费者就处于喜悦、喜爱、偏爱等积极的情绪状态;反之就会引起厌烦甚至厌恶的消极情绪。

② 商品。能够满足消费者需要,实现消费者愿望的商品,就会产生积极的情绪。

③ 个人情绪。消费者在某一时期所表现的情绪倾向,同样影响着在购买商品时的情绪。这种个人情绪倾向,是以消费者个人的心理状态背景为基础的。消费者的生理特点、性格、身体状况、社会地位、社会关系、事业成就、生活遭遇等决定了消费者的心理背景,并给消费者的购买心理和行为染上不同的情绪色彩。

(3) 意志过程

消费者有目的支配自己的行动,逐步实现自己的购买目标,这一过程的心理活动就是意志过程。意志过程一般具有三个基本特征:一是有明确的购买目的。消费者为了满足自己的需要总是经过思考后提出购买目的,然后有意识有计划地根据购买目的去支配购买行为。二是有预想实现购买目的手段,即考虑实现购买目的方式和方法。三是有排除各种干扰与克服困难逐步实现自己的购买目的过程。因为在购买目的的确定、计划的制定、方法的采用以及购买行为的实现的一系列活动中,消费者不仅要克服客观的外部的诸多因素的干扰。如商品、资金、服务以及社会、家庭的影响。还要努力战胜自我,克服个人心理上的障碍。

认识过程是意志过程的基础,只有认识的不断加强、发展才能形成确立购买目的并实施的意志过程;同样情绪也在影响着意志过程,激昂的情绪可促进购买目的确立;意志过程也能促进深化认识程度并控制和调节人们的情绪以利于实现购买目的。因此,认识、情绪和意志三者密切联系,相互影响和相互渗透,是消费者在购买商品活动中的带有共性的一般心理活动规律。

2．个性心理特征

消费者的个性心理特征就是在各自的购买行为中,由于个人的气质、能力、性格的差异所形成的个别心理,表现为不同类型的消费者在购买商品时有不同的动机和行为。

(1) 气质

气质是一个人典型的稳定的心理特征,主要表现在情感产生的快慢、强弱及活动的灵敏感或迟钝感方面。心理学把气质分为多血质、胆汁质、粘液质和抑郁质四种类型,反映于购买行为中有不同的表现,可分为以下几种：

习惯型：以粘液质和抑郁质气质为多,这类消费者对某一特定商品十分信任,注意力稳定,形成消费习惯,难于转移,往往根据过去的购买经验和消费习惯重复购买,选购过程迅速。

① 理智型：以粘液质为多,这类消费者在选购商品时动作慎重,反应缓慢,善于独立挑选,细心比较选择再作是否购买的决定。

② 冲动型：以胆汁质为多,这类消费者情感易于冲动,变换剧烈,诱发性强,抑制力差,易受外界影响,对接待服务态度反应敏感。

③ 想象型：以多血质为多,这类消费者易受感情影响,富于想象力和联想力,审美感灵敏。

(2) 能力

能力是与顺利完成某种活动必须具备的,并且直接影响活动效果的个性心理特征。如记忆的清晰、思维的敏捷、反应的灵敏等都是为完成许多活动所应具有的能力。人们购买商品的活动也应具备一定的能力,而且要综合具备观察力、鉴别力、感受力、想象力、记忆力等等多种能力,这些能力集中的表现为购买商品活动中的挑选能力和购买商品的决策能力。能力又是有个别差异的,这些差异的形成有先天素质的自身条件因素,也有影响能力形成和发展的教育及实践活动的外部条件因素。

(3) 性格

性格是个性中最重要的心理特征,是区别个人与众不同的、明显的和主要的差别,如性格坚强与懦弱,暴躁与温顺,勤劳与懒惰等特性都表现着人的个性,标志着人的个体差异。性格特征对消费者的购买态度有着直接影响；在其购买行为中有着不同的表现。如急性消费者挑选商品过程迅速,行动果断；慢性消费者挑选谨慎,反应迟缓。性格暴躁的消费者情绪容易于激动,遇事不能自制,性格温厚的消费者遇事较为冷静,性格活泼的消费者善于交谈,性格内向的消费者沉默寡言等等多种多样的不同表现。

(三) 购买行为

消费者的购买行为同人类的其他行为一样有着自身的行为特征和规律。一般来说消费者的购买行为分为六个阶段:消费需要、形成动机、寻找信息、比较评价、决定购买、购后评价。

1. 消费需要

消费者的消费需要是其生理和心理上的某种缺乏所引起的在市场上获得商品的愿望和要求。消费需要是消费者购买行为的内在原因和根本动力。消费者需要的具体内容包括以下几个方面:

(1) 对商品实用价值的需要

实用价值是商品使用价值的物质属性。人们的消费不是抽象的,总是以一定的物质内容为基础,无论这种消费侧重于满足物质需要还是侧重于精神需要,都离不开特定的物质载体。消费者首先表现为对商品的实用价值的要求。商品实用价值主要包括:

① 商品的基本功能够满足人们对该商品的物质需要。

② 商品良好的质量,保障其性能的发挥。

③ 商品的安全性,不能危害人们的健康。

④ 商品的方便性,这主要体现在商品使用方法简单、易学好懂,便于维修等。

(2) 对商品的审美价值的要求

对美好事物的向往和追求是人类的天性,它体现于人类生活的各个方面。在消费需要中,人们对消费对象审美的价值追求是普遍存在的心理需要。任何一件商品,以至服务的场所的布局、装潢都应是实用与审美的统一。消费者对许多商品的购买,是对其审美价值的肯定。

(3) 对商品的时代性要求

人们的消费总是自觉不自觉地反映该时代的特征。消费需要的时代性,是一个时代所特有的消费观念、消费方式、消费结构的总和。人们追求消费的时代性就是不断感觉到社会环境的变化,从而调整其消费观念和消费行为,以适应时代变化的过程。这一要求在消费活动中主要表现为:要求商品趋时、富于变化,新颖,能反映当代的最新思想。

(4) 对商品社会象征性的要求

所谓商品的社会象征,是人们赋予商品一定的社会意义,使购买和拥有某种商品的人得到自尊的心理满足。在人的基本需求中,多数人都有得到社会承认、受人尊敬、满足自尊的心理要求,在人的行为中表现为对扩大自身影响,提高声誉和社会地位的追求。人的这种心理需要,在消费活动中同样会表现出来。

这种心理需求支配下的消费者,往往对商品的实用价值要求不高,都特别看重商品所具有的社会象征。

(5) 对提供良好服务的需要

现代社会、服务不仅是一种交换手段,而且已成为商品交换的基本内容和条件,贯穿于商品交换过程中,人们对服务的要求与商品经济发达程度和消费水平有着密切的联系。在商品不发达时期,人们主要关心的是商品的实用性和使用效果,以及能否及时买到自己所需要的商品。随着商品经济的日益发展,这种情况逐渐改变。由于现代生产可以充分满足人们在商品质量、数量、品种等方面的要求和选择,所以服务在消费需要中的地位迅速上升。向消费者提供优良的服务也成为促使顾客购买的重要手段。

2. 消费者的购买动机

动机就是激励人们行动的原因。动机在人的行动活动中有着十分重大的作用。消费者的动机在其购买行为中具有以下三种功能。一是始动功能,即能引发消费者的购买行为;二是维持功能,使消费者在未达到目的之前始终有一种紧迫感;三是指引的功能,引导消费者朝着既定目标行动。消费者的购买动机可大致归纳为十种类型:

(1) 求实动机

这种购买动机以追求商品的实用价值为其特征。求实动机把商品的实用价值置于首位,偏重商品的物质属性。在购买商品时,主要考虑商品的基本功能是否具备,内在质量是否稳定,对商品的附加功能要求不高。

(2) 求美动机

这种购买动机以追求商品的欣赏价值为其特征。具有求美动机的消费者,注重商品的外在质量,如商品造型、包装色彩。他们购买商品是为了获得美感上的精神享受,追求商品对人体的美化功能以及对精神的陶冶作用。

(3) 求廉动机

这种购买动机以追求商品的价格低廉为其特征。具有这种动机的消费者,对价格格外敏感,在选购商品时,要对同类商品之间的价格差异进行仔细的比较,而对商品花色和款式重视不足,喜欢选购优惠价、折价商品。

(4) 求名动机

这种购买动机是以商品的名贵炫耀自己为其特征。具有求名动机的消费者,购买商品往往追求象征性的价值,或显示其社会地位之特殊,或显示经济生活之富裕,或显示其文化品位之高雅,对商品的实用价值重视不足。

(5) 求稳动机

这种购买动机以习惯购买求其安稳为特征。这种消费者,不贸然购买新商品,惟恐上当。为了减少风险,往往进行习惯性购买,过去购买什么品牌的商品,现在还购买什么品牌的商品,十分保守。

(6) 求新动机

这种购买动机以追求商品的新颖为其特征。具有这种动机的消费者,在购买商品时,特别注重商品的社会流行性,一般在某种商品的流行初期抢先购买,以优先获得商品作为一种心理享受。

(7) 求同动机

这种购买动机以与他人保持一致为其特征。具有这种购买动机的消费者,在购买商品时一般不抢先购买,但也不甘于落后。为了和周围环境和社会风尚相适应,他们一般是在后面跟踪潮流。

(8) 求异动机

这种购买动机以追求商品的奇特性为其特征。具有这种购买动机的消费者,对某些稀奇古怪的商品有浓厚的兴趣,对商品的新异造型十分关注。他们一般不买大路货商品,而喜欢购买新、奇、特、怪类商品。

(9) 求胜动机

这种购买动机是以购买商品的争赢斗胜为其特征。具有这种购买动机的消费者,把超过他人放在首位,而把商品的效用和价格放在其后。在购买商品时往往带有浓厚的感性因素,并且在心理上总有特定的竞争者,在超过他人的购买中,获得一种居人之上的心理享受。

(10) 求速动机

这种购买动机在购买商品时以节省时间为其特征。具有这种购买动机的消费者,在购买商品时要求交易迅速,结算敏捷,如果交易程序复杂,等候时间长则放弃购买。

3. 寻找信息

消费者形成了明确的购买动机之后,就会对其购买指向的商品予以关心和注意,通过不同渠道寻找满足其购买要求的信息。

4．比较评价

消费者在获取商品信息以后,要进行比较评价。消费者对商场的比较评价和商品的比较评价,一般要经由两个环节。

(1) 拟出候选商场和候选商品

在竞争激烈的市场上,消费者获取各种各样的信息,但能够在消费者头脑中留下鲜明印象的只是少数。商场要进入消费者的候选行列所应具备条件是企业形象的三度:知名度、信任度、美誉度。商品进入消费者候选行列的条件除了其品牌的三度外,还包括商品的特色和质量。

(2) 消费者的评价标准

消费者在候选商场和候选商品中,最终作出选择的决定因素是其评价商场和商品的标准。评价的标准因消费者的价值观念和购买动机的不同有所差异。例如有人以价格低为尺度,有人以符合时尚作为选择标准。营销人员应了解消费者对商场和商品的评价标准,以符合消费者评价标准的营销方案展开营销。

5．购买决策

消费者总是自觉不自觉地依据一定原则进行购买决策。不同的消费者有不同的购买决策的原则,主要有以下四种原则:

(1) 最大满意原则

消费者要进行购买决策时一般追求最大的满足。他们一般要把评价商品的几个标准列出,评价出商品综合的满意度,选择其最大满意的商品。

(2) 相对满意的原则

消费者在进行购买决策时,往往要进行比较,选择能够较好满足自己需要的商家和商品。消费者不可能跑遍所有商店,也不可能挑选所有商品,而只能在一定范围内进行比较选择。因此,相对满意原则是消费者进行购买决策的常用原则。商家应尽可能地了解竞争对手,使自己超过竞争对手,让消费者获得相对的满意。

(3) 最小遗憾原则

消费者在进行购买决策时,有时进行逆向思维,以尽可能地减少风险的原则。

(4) 预期满意原则

消费者在进行购买决策时,往往带有明显的主观色彩,事先形成心理期望,以达到预期标准为其购买的原则。如果达不到预期标准,可能会选择与预期标准差距最小的商场和商品。

6. 购后评价

消费者购买商品以后,其购买活动并没有结束,还要对购买决策作出评价。购后评价的内容主要指商场的服务和商品的效用。评价可能是购买者个人进行,也可能征集亲友同事意见,观察社会反映。评价可能购买后立即进行,也可能是使用一段时间后进行。商家应特别重视消费者的购后评价,因为消费者的购买后评价好坏,决定他们是否再次光顾并扩大购买,而且还要将感受对外宣传,"最好的广告是消费者的满意"。

第二单元 镜架的选择

一、学习目标

能帮助顾客选择镜架。

二、学习内容

镜架的选择:

帮助顾客选择眼镜,主要是镜架的选择。选择镜架需考虑的因素很多,如顾客的性别、年龄、脸型、身材、职业及配镜的用途等。但选择的原则以实际应用与美容的统一。前者是指镜架大小及鼻托高低等影响镜片的位置而造成不同的光学矫正效果,后者是美学构图的效果。

1. 实用原则的选择

(1) 镜架的大小:所谓镜架大小主要指镜架几何中心距的大小(水平距离),而镜框的高度(垂直距离)主要与戴镜的视场有关。留待后述。

选择镜架大小要以瞳距为依据,即镜架的几何中心距要与其瞳距相一致。但若顾客脸型的颞距与所选的镜架不相配时,可采用镜片移心装配或辅助三棱镜的方法处理(方法见第三章第二节内容)。

(2) 镜框的大小:镜框的大小尤其是镜框的高度,影响配戴者的视野。用于双光镜的镜架,为有足够的近光区,镜框高度一般不小于 36mm;对于某些特殊要求,如需要较大视场的驾驶员,其镜框大小都应有一定的要求,不宜过小。

(3) 镜架的鼻托:镜架鼻托的选择没有严格的要求,但要满足配戴条件。如果顾客鼻梁过低,戴镜后镜片碰到睫毛或镜框接触面颊,则要采用活动鼻托或高鼻托的镜架;

配装双光镜的镜架,尽可能避免使用固定鼻托的镜架,以免给眼镜校配带来困难。

2. 美容原则的选择

(1) 脸型与镜架式样

① 面孔的"构图"　人们的面孔不同,在于其五官的大小及位置的不同。我们可以用一个十字来说明面孔构图的意义。

图2-2-1中,三根纵轴一样长,但由于三根(一样长)横轴在纵轴的不同位置,使(b)图的纵轴显得较长,(c)图的纵轴较短。而(a)图因横轴在纵轴的2/3处相交,使构图产生了一种均衡的美。其间起作用的就是美学中著名的黄金分割原理。

人的面孔也与此类似,眉毛相当于横轴,由眉毛的高低,可以把面孔分为均衡型、长型或短型三种。如属于均衡型,则大部分镜架式样都适用;长型需要浓色的镜框来"降低"眉线,短型则需透明的眼镜底边来"提高"眉线。

② 方框轮廓与镜型　用一个方框把顾客面孔眉毛以下的部分框住,如图2-2-2。按眉毛位置的高低及双颊丰满与否,可以发现方框有深浅,且通过双颊至腭下巴线条的不同倾斜度,形成不同的方框轮廓。借助方框轮廓,我们可以选择均衡协调脸型的镜架。

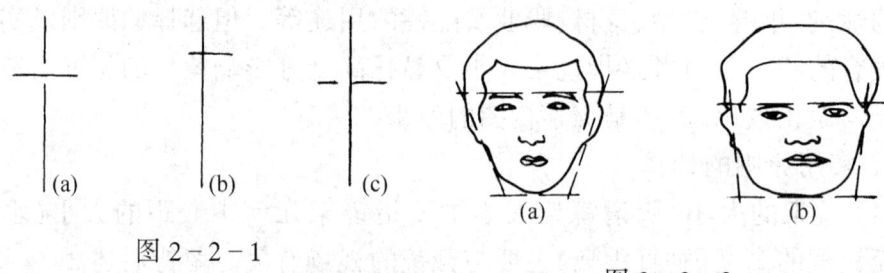

图2-2-1

图2-2-2

均衡:图2-2-2中,(a)的方框深长形,需用镜框高度稍大及深色的镜架;而(b)的方框浅短,适合稍扁镜框及双色或无底框镜架。

协调:顾客的腭下巴有方、圆及尖的等,选择镜架时尽可能使镜框形状尤其底边,与双颊及腭下巴线条相似。图2-2-3中,(a)与(b),(c)与(d)的脸型相同,但(a)镜架与双颊及腭下巴的线条不一致,故显得更胖更方;(b)则因顺应了轮廓线条而感觉和谐;同样,(c)的尖下巴戴了方形框,使下巴显得更尖;d因选用与脸型方框一致的镜架而使面颊显得宽了。

③ 脸型与镜腿　图2-2-4中,两张同样脸型的侧面,粗厚镜腿,中央相交型的镜架使脸型变短,如(a);细瘦镜脚,高交型的镜架则使脸型变长,如

(b)。

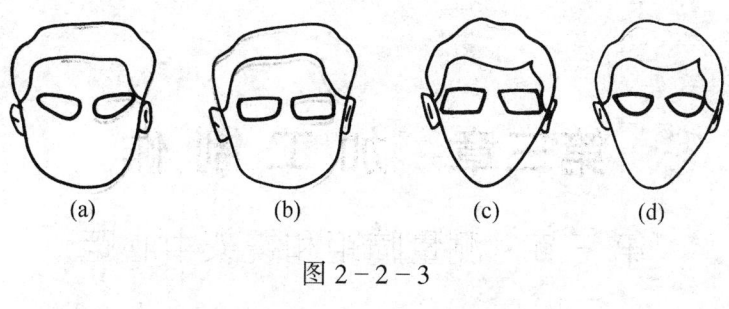

图 2-2-3

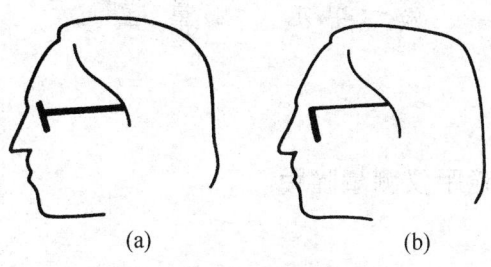

图 2-2-4

④ 镜架的鼻梁鼻托　鼻梁的作用是使两只镜框连在一起。鼻托的作用是支撑镜架及镜片的重量，顺贴鼻梁使重量分布均匀。但从美学角度，镜架的鼻梁高一些，视觉上可使配戴者鼻子增长，粗短的鼻子会显得窄长。没有鼻托或鼻托低的镜架，可使顾客的长鼻显得短些。故儿童应避免无鼻托的镜架，尤其是浓色的镜架，宜使用透明的浅色的鼻托镜架。

(2) 镜架颜色应用：

镜架颜色的选择取决于顾客本人的喜爱，并无固定规则可循。但顾客往往请教别人意见，尤其是女性。配镜员应当好参谋。

① 镜架颜色与肤色　肤色较深、体魄健壮者选用镜架颜色以深色为主；白皙俊秀的脸庞宜配淡雅色彩的镜架。

② 镜架颜色与性别　男性多用朴素单一色泽；女性则喜好色调明快、鲜艳和素浅等颜色的镜架。

③ 镜架颜色与年龄　年长者镜架不宜冷色。塑料架可选用紫红或妃明色，金属架可选用金、银、钛、镍等；青年人朝气蓬勃，追求时髦，镜架用色没有限制；儿童配以深色镜架，与其肤色形成强烈反差，反而埋没了稚嫩和天真。宜选用浅色或上深下浅的镜架。

第三章 加工制作

第一节 测量瞳距和镜架中心距

第一单元 测量瞳距

一、学习目标

能使用瞳距尺、瞳距仪测量瞳距。

二、学习内容

(一) 瞳孔距离的概念和分类

1. 瞳孔距离的概念

瞳孔距离简称瞳距,是指当两眼视线呈正视或平行状态时的两眼瞳孔中心间的距离称为瞳距。一般用英文字母缩写"PD"来表示,其单位使用毫米(mm),如图 3-1-1 所示。

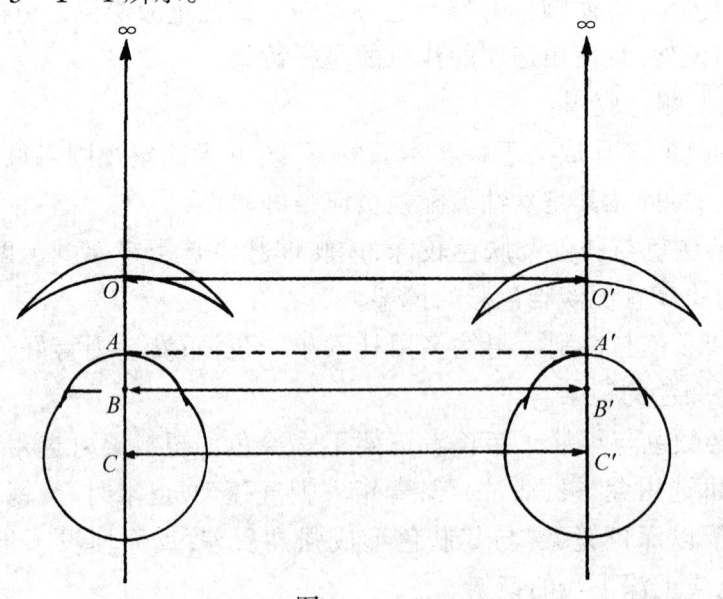

图 3-1-1

AA'—角膜间距离;BB'—瞳孔间距离;CC'—旋转点距离;OO'—光学中心间距离

2．瞳距的分类

从眼球生理状态上可将瞳距分成两眼瞳距和单眼瞳距两种。所谓两眼瞳距是指从右眼瞳孔中心到左眼瞳孔中心之间的距离。单眼瞳距是指分别从右眼或左眼的瞳孔中心到鼻梁中心线之间的距离。如单眼受外伤眼球摘除者、斜视眼者以及需配多焦点和渐进多焦点镜片者,需测量其单眼瞳距。

在实际配镜中又根据使用目的将瞳距分为远用瞳距和近用瞳距两种。所谓远用瞳距是指患眼看远或常戴眼镜的瞳距。即指当两眼向无限远处平视时的两眼瞳孔中心间的距离。近用瞳距是指当眼睛注视近处目标,即眼前30～40cm阅读或近距离工作时,两眼处于集合状态下的瞳孔中心间的距离。因此,一般近用瞳距总要小于远用瞳距。如图3-1-2所示。

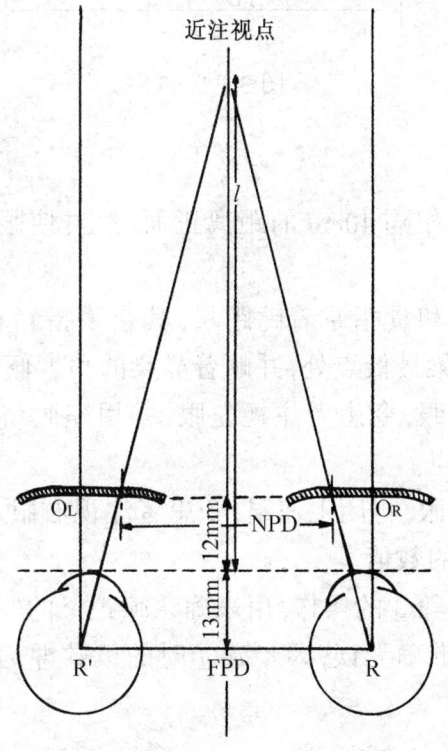

图 3-1-2

FPD—远用瞳距;NPD—近用瞳距;O_R—右眼镜片光心;O_L—左眼镜片光心;R—旋转中心点;L—视近距离

(二) 瞳距尺和瞳距仪的使用方法

1．瞳距尺的使用方法

(1) 工具:眼镜专用瞳距尺或小米尺。

(2) 远用瞳距的测量：
在两眼瞳孔处于正常生理状态下，通常采用下述两种方法进行测量。

① 从右眼瞳孔中心点到左眼瞳孔中点之间的距离。

② 从右眼瞳孔的外缘(颞侧)到左眼瞳孔的内缘(鼻侧)之间的距离或从右眼瞳孔的内缘(鼻侧)到左眼瞳孔的外缘(颞侧)之间的距离。如图3-1-3所示。

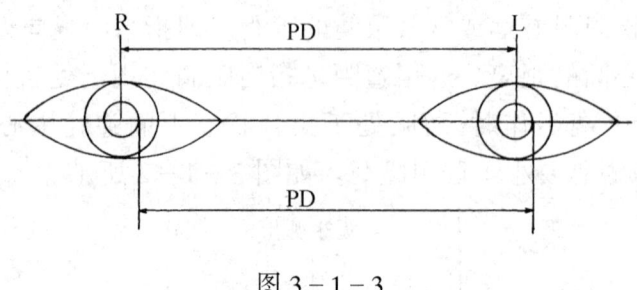

图 3-1-3

(3) 测量步骤

① 验光员与患者相隔40cm的距离正面对坐，使眼睛的视线保持在同一高度上。

② 用右手的拇指和食指拿着瞳距尺，其余手指轻轻靠在患者的脸颊上，然后将瞳距尺放置鼻梁最低点处，并顺着鼻梁的角度倾斜。

③ 验光员闭上右眼，令患者注视左眼，并用左眼将瞳距尺的"零位"对准患者的右眼瞳孔中心点。

④ 验光员睁开右眼，再闭上左眼，令患者注视右眼，并用右眼准确读取患者左眼瞳孔中心点上的数值。

⑤ 验光员重复步骤③的操作，用来确认瞳距尺的"零位"是否对准患者的右眼瞳孔中心。如果准确无误，即步骤④时的读数即为该患者的瞳距。如图3-1-4所示。

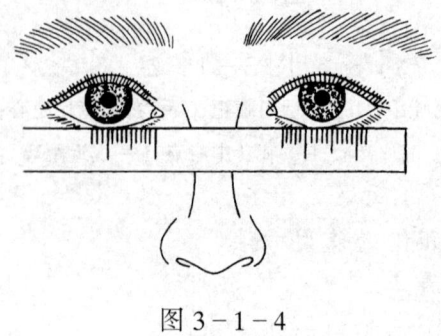

图 3-1-4

(4) 近用瞳距的测量

① 验光员与患者相隔40cm的距离正面对坐,使眼睛的视线保持在同一高度上。

② 用右手的拇指和食指拿着瞳距尺,其余手指轻轻靠在患者的脸颊上,然后,将瞳距尺放置鼻梁最低点处,并顺着鼻梁的角度倾斜。

③ 验光员闭上右眼,令患者两眼注视左眼,并将瞳距尺的"零位"对准患者右眼的瞳孔中心。

④ 验光员睁开右眼,仍然令患者继续注视左眼,用右眼来读取患者左眼瞳孔中心上的数值。

⑤ 步骤③~④反复进行三次,取其平均值为近用瞳距。

(5) 注意事项

① 验光员与患者的视线应保持在同一高度上。

② 瞳距尺勿触及患眼的睫毛。

③ 当瞳距尺"零位"确定后,一定要拿稳瞳距尺,以免左右移动。

④ 一定嘱患眼注视指定的注视物。

⑤ 测量时应反复进行2~3次,取其精确的数值。

2. 瞳距仪的使用方法

(1) 工具:瞳距仪。

(2) 操作步骤(以角膜反射光合致式瞳距仪为例,见图3-1-5所示)

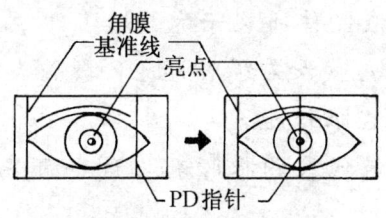

图3-1-5

① 首先依测量远用瞳距或近用瞳距的要求,将注视距离键调整到注视距离数值∞或30cm标记▲的位置上。

② 打开电源开关。

③ 将瞳距仪的额头部和鼻梁部轻轻放置在患者的前额和鼻梁处。

④ 嘱患者注视里面绿色光亮视标。

⑤ 验光员通过观察窗,可观察到患眼瞳孔上的反射亮点,然后分别移动RIGH(右眼)PD可调键和LEFT(左眼)PD可调键,使PD指针与反射亮点对

齐。如图 3-1-5 所示。

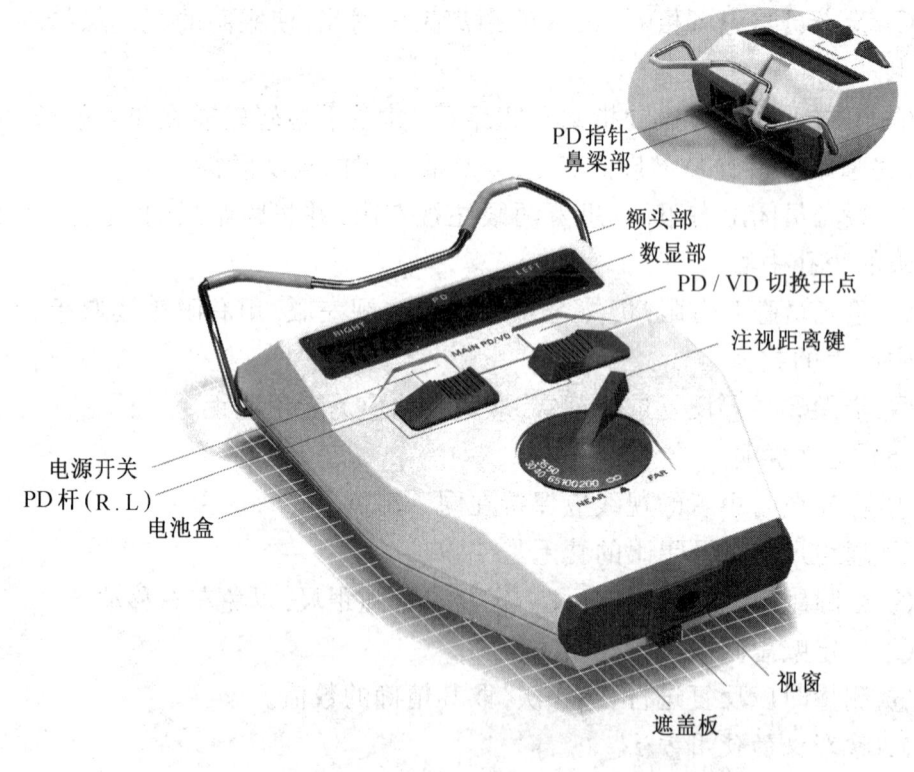

图 3-1-6

⑥ 读取瞳距仪上面液晶体所表示的数值。即 R 数值表示从鼻梁中心至右眼瞳孔中心之间的距离,代表右眼瞳距。L 数值表示从鼻梁中心至左眼瞳孔中心之间的距离,代表左眼瞳距。

中间部所表示的数值代表两眼瞳孔之间的距离,即两眼瞳距。单位为 mm。

⑦ 如需测量单眼瞳距时,如斜视眼等可调节仪器下部的遮盖板键,将一眼遮盖后可测得单眼瞳距。

⑧ 利用本仪器的视度切换键,可戴用多焦点眼镜进行操作,即用远用部观察瞳孔,用近用部读取 PD 数值。

⑨ 利用本仪器,切换 PD/VD 键,可测得角膜间的距离。

(3) 注意事项

① 观察窗口或测量窗口处,勿用手指触摸或堆积污垢。清洁时需用镜头纸及少许酒精液轻轻擦干净。

② 数值显示部采用液晶体显示,避免受外力压迫,以免损坏。

第二单元 镜架几何中心水平距的测算

一、学习目标

能测量和计算镜架的几何中心水平距。

二、学习内容

(一) 眼镜架的分类

由于眼镜架的品种繁多,其分类方法也很多。一般常见的分类方法有:按材料、制造方法、形状、性别、年代、用途等来进行分类。在我国眼镜架国家标准中是以材料为主体将眼镜架产品分为:金属架、塑料架、混合架、半框和无框四大类。

(二) 镜架几何中心水平距的测量方法

镜架几何中心水平距是指从右眼镜圈几何中心点到左眼镜圈几何中心点之间的距离。

从图3-1-7中可知,镜架几何中心点即为镜圈几何形状水平距离上的1/2点,又因为镜架鼻梁的尺寸是一定的,所以,测量镜架几何中心水平距,可从右眼镜圈鼻侧内缘开始测量到左眼镜圈耳侧内缘的距离即可。镜架几何中心距用 m 表示。

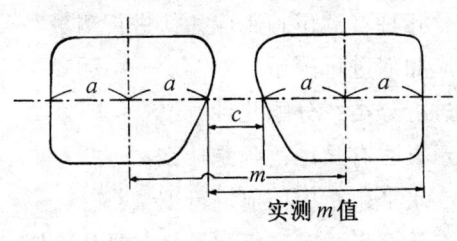

图3-1-7

测量镜架几何中心水平距是配装加工移心的重要参数之一,它与测量瞳距同样的重要。因此,应进行准确的测量。

1. 操作步骤

(1) 工具:瞳距尺。

(2) 测量步骤

① 左手拿着镜架的右眼镜圈,右手拇指和食指拿着瞳距尺,并将镜架置

于眼前33cm左右的位置。

② 将瞳距尺水平放置在镜圈的水平中心线上。

③ 先闭上右眼,用左眼将瞳距尺的"零位"对准右眼镜圈鼻侧的内缘处。

④ 然后睁开右眼,再闭上左眼,用右眼对准左眼镜圈颞侧的内缘处,并读出其数值,即为镜架几何中心水平距离。

(3) 注意事项

① 使用瞳距尺测量时,一定以镜圈水平中心线为基准,从右眼镜圈鼻梁的内缘处开始测到左眼镜圈颞侧的内缘处。

② 瞳距尺"零位"找准后,一定拿稳瞳距尺,切勿左右移动,以免造成误差。

(三) 镜架几何中心水平距的计算方法

从图3-1-7所示可知,镜架几何中心水平距 m 可按下面公式计算:

$$m = 2a + c \qquad (3-1-1)$$

式中 $2a$ 代表镜圈尺寸,c 代表鼻梁尺寸。由此,当已知镜圈尺寸和鼻梁尺寸时,就不难算出镜架几何中心水平距。镜圈尺寸和鼻梁尺寸可通过标记在镜腿上的规格尺寸而知。

例:镜腿内侧标有 56□14-140 的标记,求其镜架几何中心水平距是多少?

解:根据公式 $m = 2a + c$,将数值代入公式中,$m = 56 + 14 = 70$ mm。

答:该镜架几何中心水平距为70mm。

练习题

1. 什么叫瞳距?瞳距分几种?远用瞳距应如何进行测量?
2. 什么叫近用瞳距?应如何进行测量?
3. 眼镜架产品是如何进行分类?分哪几种?
4. 眼镜架规格尺寸表示方法有几种?各是什么?
5. 什么是镜架几何中心水平距?应如何进行测量?
6. 方框法和基准线法有什么不同?其标记符号各是什么?
7. 计算下列镜架几何中心水平距各是多少?

(1) 镜架的规格尺寸在镜腿内表示为:52□16—135。

(2) 镜架的规格尺寸在镜腿内表示为:56—14—140。

第二节 确定加工中心

第一单元 移心量的计算

一、学习目标

能计算镜片的移心量。

二、学习内容

（一）移心的概念

在配装加工眼镜时，为满足配戴者眼睛的视线与镜片的光轴相一致的光学要求，一般是以镜架几何中心为基准来决定镜片光学中心的位置。当镜片光学中心位于镜架几何中心外任何位置时，称为移心。移心有水平和垂直移心两种。以镜架几何中心为基准，镜片光学中心沿水平中心线向鼻侧或颞侧移动光心的过程，称为水平移心。以镜架几何中心为基准，镜片光学中心沿垂直中心线向上或向下移动光心的过程，称为垂直移心。

（二）移心量的计算方法

1. 水平移心量的计算方法

水平移心量是指为使左右镜片光学中心间距离与瞳距相一致，将镜片光学中心以镜架几何中心为基准，并沿其水平中心线进行平行移动的量，称为水平移心量。如图 3-2-1 所示。

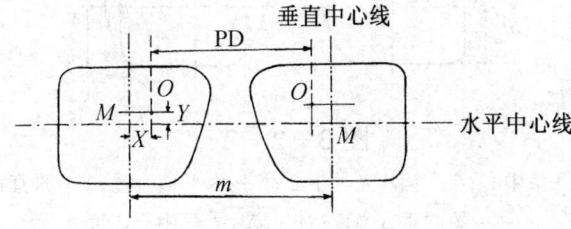

图 3-2-1

M—镜架几何中心；O—镜片光学中心；X—水平移心量；
PD—两眼瞳孔距离（瞳距），m—镜架几何中心水平距

从图中可以看出，水平移心量就等于镜架几何中心水平距与瞳距之差值的一半。用公式表示

水平移心量 $X = ($镜架几何中心水平距 $-$ 瞳距$)/2 = (m - \text{PD})/2$

$$(3-1-2)$$

并且可根据 X 的正、负数值,判断出该镜片的光学中心是朝哪个方向移动。

即:当 $X>0$,即 $m>\text{PD}$ 时,光学中心向鼻侧移动。

当 $X<0$,即 $m<\text{PD}$ 时,光学中心向颞侧移动。

当 $X=0$,即 $m=\text{PD}$ 时,光学中心与镜架几何中心水平距相一致,无需移动。

例:某顾客选配一副规格为 54口16 的镜架,其瞳距为 62mm,问水平移心量是多少?向哪个方向移动光心?

解:根据镜架的尺寸知:$a = 54$,$c = 16$,$\text{PD} = 62$,代入式(3-1-1)和式(3-1-2)中,可分别求出镜架几何中心水平距 m 和水平移心量 X

即:$m = 2a + c = 54 + 16 = 70\text{mm}$,$x = (m - \text{PD})/2 = (70 - 62)/2 = 4\text{mm}$,又因为 $m > \text{PD}$,所以镜片光学中心向鼻侧移动 4mm。

2. 垂直移心量的计算方法

垂直移心量是指为使镜片光学中心高度与眼睛的视线在镜架垂直方向上相一致,将镜片光学中心以镜架几何中心为基准,并沿其垂直中心线进行平行移动的量,称为垂直移心量。如图 3-2-2 所示。一般在实际配装加工中,要求远用眼镜的光学中心高度应在瞳孔中心下边缘处,即与镜架几何中心水平线相一致。近用眼镜的光学中心高度应在瞳孔中心垂直下睑缘处,即可与镜架几何中心水平线相一致或略低于水平中心线 2mm 左右。但在配制多焦点镜片或渐进多焦点镜片时,应根据不同的要求来确定镜片的光学中心高度。

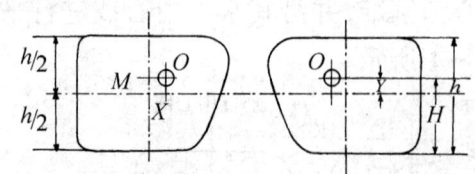

图 3-2-2

M—镜架几何中心;O—镜片光学中心;X—水平移心量;Y—垂直移心量;
h—镜圈垂直高度;H—镜片光学中心高度

从图中可以看出,垂直移心量 Y 等于镜片光学中心高度 H 与 1/2 镜圈垂直高度之差值。

即 $Y = H - h/2$ $\qquad(3-1-3)$

并且可根据 Y 的正、负数值,判断出该镜片的光学中心高度是朝哪个方向移动。即:当 $Y>0$,即 $H>h/2$ 时,向上方移动。

当 $Y<0$,即 $H<h/2$ 时,向下方移动。

当 $Y=0$,即 $H=h/2$ 时,无需移动。

例:镜圈的垂直高度为 42mm,光学中心高度为 18mm,问垂直移心量是多少?向哪个方向移动?

解:已知 $H=18$, $h=42$ 代入公式 3-1-3 中,

垂直移心量 $Y = H-h/2 = 18-42/2 = 18-21 = -3$ mm,

由于 $Y<0$,需向下方移动 3mm。

(三)双光镜片移心量的计算和确定子镜片顶点高度

1. 双光镜片

所谓双光镜片,即双焦点镜片。它是在同一个镜片上具有两个不同的焦点,形成远用和近用两个部分,即能看远又能看近,适合老视眼者配戴。用于远用部分的镜片称为主镜片,其光学中心称为远用光学中心。用于近用部分的镜片称为子镜片,其光学中心称为近用光学中心。根据制造方法可分为胶合双光、熔合双光和整体双光等。从子镜片外观形状上分,最常见的有圆顶双光和平顶双光等。见图 3-2-3 所示。

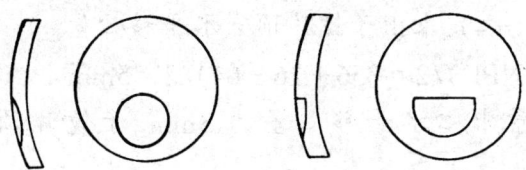

图 3-2-3

2. 双光镜片移心量的计算

双光镜片移心量的计算与单光镜片移心量的计算方法基本相同。但由于双光镜片是在同一镜片上具有远用和近用两个部分。因此,双光镜片移心量的计算主要是子镜片顶点水平移心量和子镜片顶点垂直移心量的计算。

(1) 子镜片顶点水平移心量的计算

子镜片顶点水平移心量是指为使左右子镜片顶点间距离与近用瞳距相一致,将子镜片顶点以镜架几何中心为基准,并沿其水平中心线进行平行移动的量,称为子镜片顶点水平移心量,其计算方法可通过近用瞳距相对镜架几何中心水平距的位置而求得。写成公式即为:

$$X_n = (m - NPD)/2 \qquad (3-1-4)$$

式中 X_n 为子镜片顶点水平移心量;m 为镜架几何中心水平距;NPD 为近用瞳距。

但在实际配装加工中,也可根据子镜片顶点相对远用光学中心位置的不同而采取不同的方法来达到子镜片水平移心的要求。

① 子镜片顶点相对远用光学中心内移量为 2~2.5mm 的镜片。像这样的镜片,从设计上已将近用瞳距相对远用瞳距向内移 4~5mm。因此,可采取下述两种方法进行计算。

A. 用公式(3-1-2),$X=(m-PD)/2$,已知镜架几何中心距 m 及远用瞳距 PD,即可求出主镜片远光心水平移心量。

B. 用公式(3-1-4),$X_n=(m-NPD)/2$,已知镜架几何中心距 m 及近用瞳距 NPD,求出子镜片顶点水平移心量。

例:某顾客选配一副规格为 56-16 的镜架,其远用瞳距 PD=66mm,近用瞳距 NPD=62mm,

问:配制双光眼镜时,主镜片光学中心水平移心量是多少?子镜片顶点水平移心量是多少?

解:代入公式(3-1-2),求出主镜片光学中心水平移心量。

即:$X=(m-PD)/2=(56+16-66)/2=3mm$

代入公式(3-1-4),求出子镜片顶点水平移心量。

即:$X_n=(m-NPD)/2=(56+16-64)/2=5mm$

答:主镜片光学中心水平移心量为 3mm,子镜片顶点水平移心量为 5mm。

② 子镜片顶点相对远用光学中心位置在同一垂直线上,这种镜片多见于圆顶双光球镜片。这时首先利用公式 3-1-2,$X=(m-PD)/2$,计算出远用光学中心水平移心量,然后再根据制造商所给定的子镜片光心向内旋转角度的要求,使用量角器并以远用光学中心为基准点使子镜片光心向内旋转至所要求的角度即可。

(2) 子镜片顶点垂直移心量的计算

子镜片顶点垂直移心量是指子镜片顶点高度在镜架垂直方向相对镜架水平中心线的移动量,称为子镜片顶点垂直移心量。其计算方法可通过镜架水平中心线高度与子镜片顶点高度之差值来求得。写成公式的形式,

即: $Y_n = H/2 - h$ (3-1-5)

式中,Y_n 为子镜片顶点垂直移心量;H 为镜圈垂直高度,h 为子镜片顶点高度。

例:某顾客选配一副金属架,其镜圈的垂直高度 $H=40mm$,测得子镜片顶点高度 $h=17mm$。

问:子镜片顶点垂直移心量是多少?

解:代入公式(3-1-5),$Y_n = H/2 - h = 40/2 - 17 = 3$mm。

答:子镜片顶点垂直移心量为3mm,即子镜片顶点在镜架水平中心线下方3mm处。

3. 确定子镜片顶点高度

子镜片顶点高度是指子镜片顶点位于配戴者瞳孔垂直下睑缘处时,从子镜片顶点至镜圈内缘最低点处的距离。称为子镜片顶点高度。

子镜片顶点高度的确定可根据配戴的使用目的,即以远用为主和近用为主两种情况来确定。一般,以远用为主时,子镜片顶点高度应位于配戴者瞳孔垂直下睑缘处下方2mm的位置。以近用为主时,子镜片顶点高度应位于配戴者瞳孔垂直下睑缘处的位置。子镜片顶点高度需进行实际测量而得到。其测量方法如下:

(1) 工具:瞳距尺。

(2) 操作步骤

① 配镜人员与配戴者正面对坐,且眼睛的视线保持在同一高度上。

② 嘱配戴者戴上所选配的镜架,并进行整形校配,达到配戴的要求。

③ 嘱配戴者注视前方与视线高度相同的注视物(通常注视配镜人员鼻梁中心位置)。

④ 手持瞳距尺,将瞳距尺的"零位"对准瞳孔垂直下睑缘的位置。

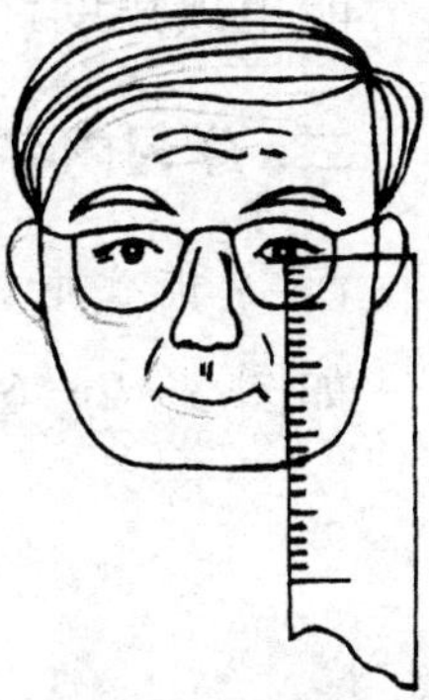

图3-2-4

⑤ 配镜人员分别读取配戴者左右眼瞳孔垂直下睑缘至镜圈内缘最低点处瞳距尺上的数值即为子镜片顶点高度。如图3-2-4所示。

(3) 注意事项

① 镜圈内缘最低点不在瞳孔中心下方处时,所测量的子镜片顶点至镜圈内缘的高度和子镜片顶点至镜圈内缘最低点的高度是不同的。前者所测得的子镜片顶点高度就会太低,这时可利用方框法来重新测量子镜片顶点高度。如图3-2-5所示。

② 左右眼下睑缘的高度不在同一高度时,首先检查所配戴的镜架是否在同一水平线上,若确认在同一水平线上时,当左右眼相差2mm以内时,以主眼下睑缘高度为基准确定子镜片顶点高度,当左右眼相差2mm以上时,以左右眼的平均值为基准来确定子镜片顶点高度。

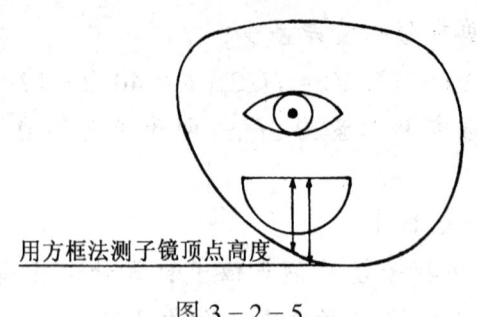

图 3-2-5

第二单元 镜片顶焦度的测量和定镜片光学中心

一、学习目标

能用顶焦度计测量镜片的顶焦度和确定镜片的光学中心。

二、学习内容

(一) 顶焦度计外形图及各部分名称

如图 3-2-6 所示。

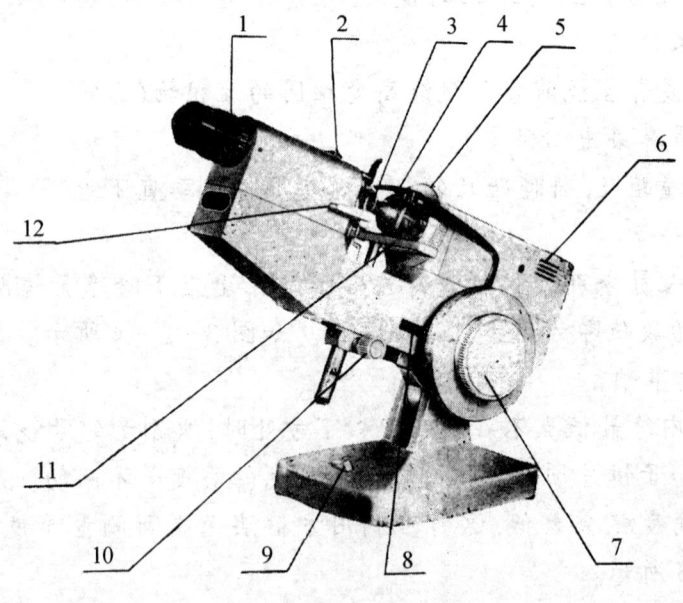

图 3-2-6

1—目镜视度调节圈;2—固定镜片的导杆开关钮;3—固定镜片接触圈;4—镜片位置支承圈;5—柱面散光轴位角测量手轮;6—照明灯室;7—顶焦度测量手轮;8—顶焦度读数指标;9—开关;10—镜片升降台装置;11—镜片台;12—镜片中心打印机构

(二) 球镜顶焦度的测量和光学中心确定

(1) 用左手拿着镜片,将被测镜片置于镜片台上,用右手来调整镜片升降台10的高低,使镜片中心和光轴中心重合(即从目镜中看到绿色的活动分划板的十字中心和望远镜的十字分划中心重合)。

(2) 若不重合时,可上下左右移动镜片的位置使其重合。

(3) 然后打开固定镜片的导杆开关钮,使固定镜片的接触圈压紧镜片。如图3-2-7所示。

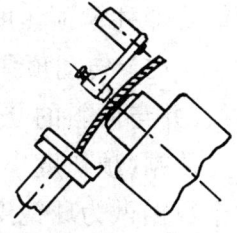

图3-2-7

(4) 转动顶焦度测量手轮,调节到视场中出现绿色的十字线最清晰为止,如图3-2-8所示,此时手轮上的读数即为该镜片的顶焦度。

(5) 这时将活动分划图像的十字中心与望远镜分划的十字中心对正,用打印机构在镜片表面打印三个印点,其中间的印点即为镜片的光学中心。

(三) 柱镜顶焦度、轴位的测定和光学中心确定

(1) 柱镜是在两个相互垂直截面上,有两个不同的顶焦数值。若分别测得此两个方向上的屈光度数值,其两数值之差就是柱镜顶焦度即通常所说的散光度数。

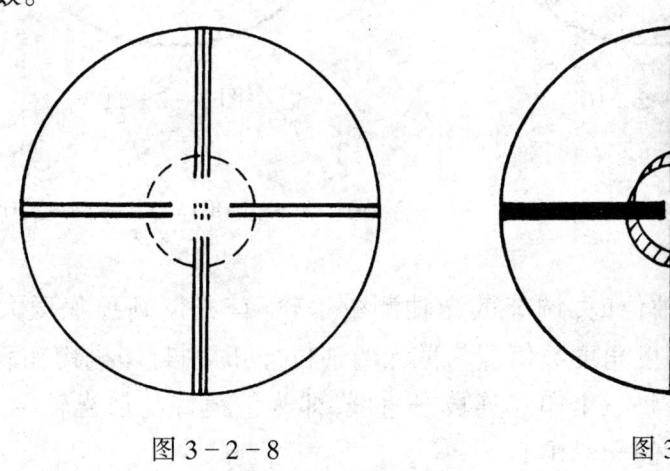
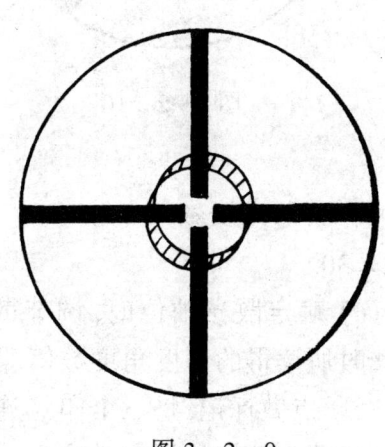

图3-2-8　　　　　　　　图3-2-9

(2) 当有散光度数的镜片装夹上去后,绿色活动分划图线出现不清楚,如图3-2-9所示。这时,转动顶焦度测量手轮,调节至出现12个小点拉成倾斜的立体圆筒形止(即把点拉成线)。

(3) 如调节至出现上述状态时,则表示镜片带有散光,有两个不同顶焦度位置,一个在顶焦度小的位置,另一个在顶焦度大(绝对值)的位置,且互成直

角的关系,测量时,一般先调至顶焦度大的位置。

(4) 转动散光轴测量手轮,使两根粗的绿色分划线调至清晰,中心断线连成光滑直线,并与倾斜的立体圆筒形相平行。如图 3-2-10 所示。该位置为柱镜轴位角度,顶焦度测量手轮上可读得第一个顶焦度数据(顶焦度大的数值),即柱镜顶焦度。例如:C = -4.00×30。

(5) 转动顶焦度测量手轮,调至三根绿色细线清晰,中心断线连成光滑直线,并与倾斜的立体圆筒形相平行,如图 3-2-11 所示。可读得第二个顶焦度数据(顶焦度小的数值),即柱镜顶焦度。例如:C = -2.00×120°,可将第二个数据做为球镜度数。因此,可根据(柱镜顶焦度)-(球镜顶焦度)=散光度数,求得该镜片的散光度数。

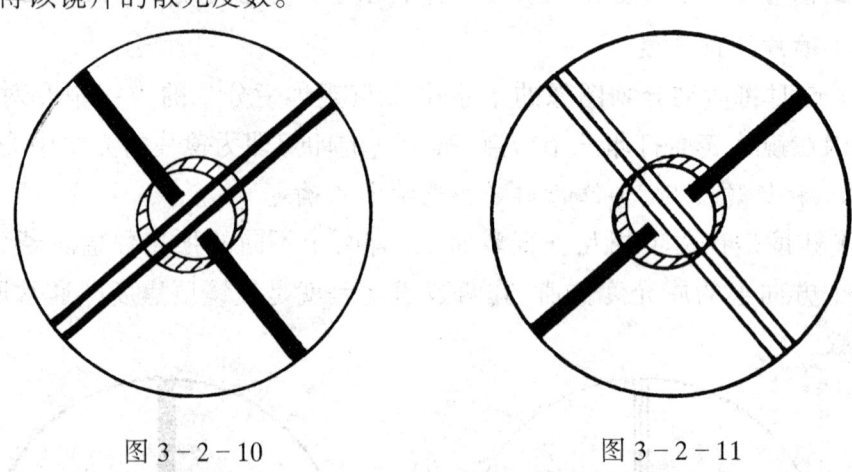

图 3-2-10　　　　　　　　　图 3-2-11

例如:散光度数 = (-4.00) - (-2.00) = -2.00D., 即:S—2.00◯C—2.00×30

(6) 确定散光轴位时,调节散光轴测量手轮,首先调到顶焦度大的位置上,此时所读得的刻度角度数值即为散光的轴位,同时用打印机构在镜片上打印三个印点做标记,将三个印点连成一直线,即为该镜片的散光轴位,其中间的印点,即为该镜片的光学中心。

(四) 双光镜片的镜度及加工基准线的确定

1. 双光镜片的镜度及其测量方法

双光镜片可看成是由两块镜片组合而成。即在普通镜片上附加一个正球镜片,从而在一个镜片上形成远用和近用两个部分。远用部分的顶焦度称为远用度数,用 DF 表示;近用部分的顶焦度称为近用度数,用 DN 表示,附加的正球镜片的屈光度称为加光度数,用 Add 表示。在实际测量双光镜片镜度

时,可利用顶焦度计来分别测得远用度数和近用度数,然后用近用度数减去远用度数即可得到加光度数。即

$$Add = DN - DF \qquad (3-2-1)$$

双光镜片的顶焦度测量方法见图 3-2-12。

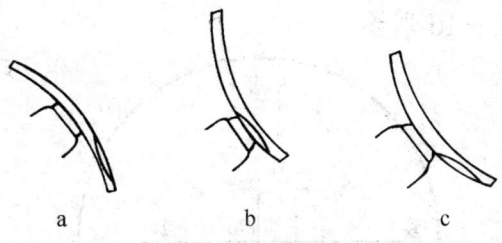

图 3-2-12

a. 远用部后顶焦度的测量　　b. 近用部前顶焦光度的测量(1)
c. 远用部前顶焦光度的测量(2)　　加光度数=(1)-(2)

2. 双光镜片加工基准线的确定

双光镜片加工基准线的确定主要是以子镜片顶点为基准点来确定子镜片顶点的高度和子镜片顶点间距离与近用瞳距相一致时的位置。

(1) 工具:顶焦度计、瞳距尺、细油性笔。

(2) 操作步骤

① 平顶双光镜片加工基准线的确定

A. 首先用细油性笔沿子镜片几何形状外边缘打上小点,以明确子镜片的位置。

B. 检查左右子镜片的形状、大小是否相同。

C. 根据配镜处方,测量远用度数,然后打印光学中心。同时,检查子镜片顶点相对远用光学中心的内移量和从子镜片顶点至远用光学中心的高度是否与该镜片所标记的数值相符合。如该双光镜片含有散光度数时,需确认散光轴线与子镜片切口直线是否平行一致。

D. 测量加光度数。

E. 沿子镜片切口最上端做水平切线,即子镜片水平基准线。

F. 以子镜片切口中心点为基点做垂直线,即子镜片垂直基准线。步骤 E 和 F 之交点作为镜片的基准点即子镜片顶点。

G. 根据公式 3-1-4, $Xn=(m-NPD)/2$ 计算出子镜片顶点水平移心量,以子镜片顶点为基准点,沿子镜片水平基准线找出移心的位置,并通过该位置作垂直线。

H. 根据公式 3-1-5，$Y_n = H/2 - h$，计算出子镜片顶点垂直移心量，以子镜片顶点为基准点，沿子镜片垂直基准线找出移心的位置，并通过该位置做水平线。步骤 G 和 H 之交点即为加工中心点。手工加工制作时，镜圈几何中心点与该点相一致，用自动磨边机加工制作时，吸盘中心点与该点相一致进行加工制作。如图 3-2-13 所示。

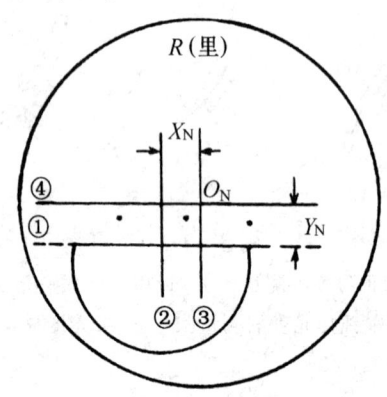

图 3-2-13

① 子镜片水平基准线；② 子镜片垂直基准线；③ 子镜片顶点水平移心量的位置；
④ 子镜片顶点垂直移心量的位置；X_n—子镜片顶点水平移心量；
Y_n—子镜片顶点垂直移心量；O_n—加工中心点

② 圆顶双光镜片加工基准线的确定

A. 首先用细油性笔沿子镜片几何形状外边缘打上小点，以明确子镜片的位置。

B. 检查左右子镜片的形状，大小是否相同。

C. 根据配镜处方，测量远用度数，同时在镜片上打印远用光学中心。

D. 将打印在镜片表面上的三个印点连成一条直线，即为主镜片的水平基准线。

E. 在子镜片最顶端做平行于主镜片水平基准线的平行切线，其切点的位置即为子镜片顶点，其切线即为子镜片水平基准线。

F. 通过切点做子镜片水平基准线的垂直线，即为子镜片垂直基准线。

G. 如双光镜片含有散光度数时，应确认散光轴位连线与子镜片水平基准线是否相平行。然后以子镜片顶点为基点进行子镜片顶点水平和垂直移心量的设计确定其加工中心。如图 3-2-14。

H. 如双光镜片为球镜片时，以远用光学中心点为基准，向左右方向旋转子镜片，使远用光学中心点和子镜片顶点分别与远用瞳距和近用瞳距的内移量相等,以这时子镜片顶点为基准点来进行设计子镜片顶点高度,确定其加工中心。如图 3-2-15 所示。

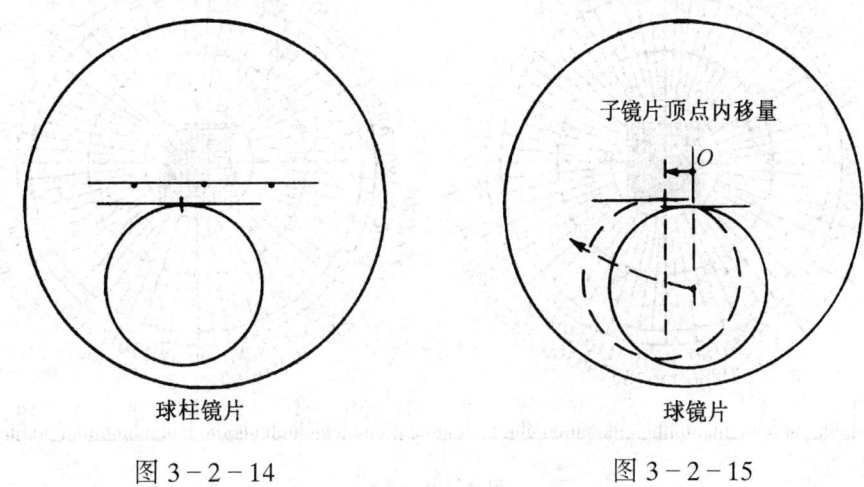

图 3-2-14   图 3-2-15

第三单元　确定加工中心

一、学习目标

能用定中心板、定中心仪确定加工中心。

二、学习内容

(一) 定中心板

1. 定中心板及其用途

定中心板是用来确定镜片的加工中心。可根据单光镜片、双光镜片和渐进多焦点镜片等不同加工要求制成各种各样的图板。如图 3-2-16 所示,就是其中最简单常用的定中心板之一。

利用该图板能点出镜片的光学中心、划散光轴线、找出镜片水平和垂直移心量以及确定镜片加工中心等。该图板如同两个半圆形的量角器拼凑在一起形成了一个 360°的圆形。以圆心为基准点分别划有水平和垂直中心线,并在其中心线上分别标有每小格为 1mm 的刻度。在图板的中间划有 196 个边长为 1mm 的正方形小格,均是镜片光学中心点移心量的刻度。在图板上下半圆边缘处标有逆时针从 0°~180°的角度刻度,每大格为 10°角,每小格为 5°角。划散光轴位时,将镜片凸面朝上按右眼(R)和左眼(L)放置在图板上,再按逆

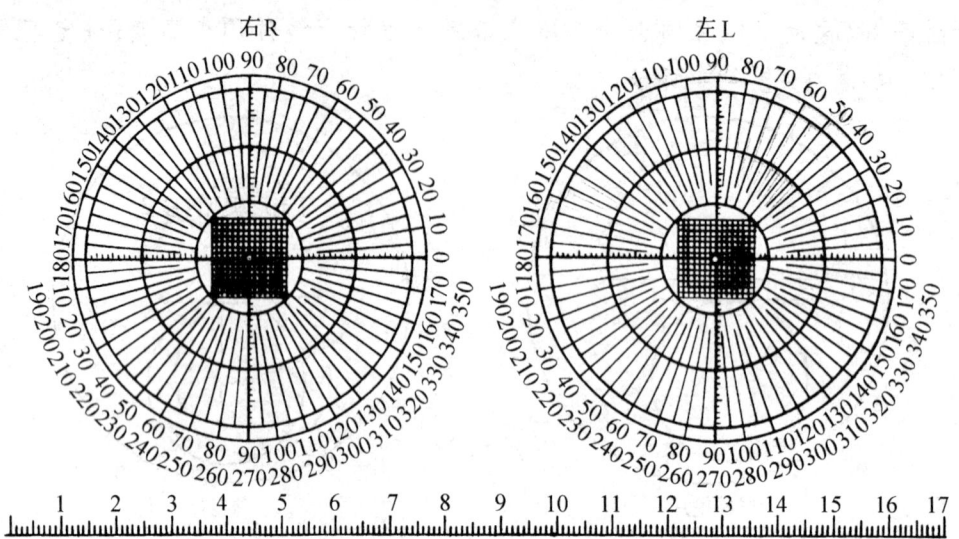

图 3-2-16

时针从 0°开始旋转。

2．定中心板的使用方法

（1）工具：定中心板、顶焦度计、瞳距尺、细油性笔。

（2）操作步骤

① 单光镜片水平和垂直移心量及确定加工中心的应用。

A．用顶焦度计测量镜片顶焦度，并打印光心，然后在镜片凸面上端用细油性笔分别标有(R)右眼和(L)左眼的记号。如下图 3-2-17 所示。

B．将镜片凸面朝上放在图板的上面，使镜片上的三个印点与图板的水平中心线重合。用瞳距尺和油性笔分别划出镜片的水平和垂直基准线，并用箭头标明鼻侧的方向。如图 3-2-18 所示。

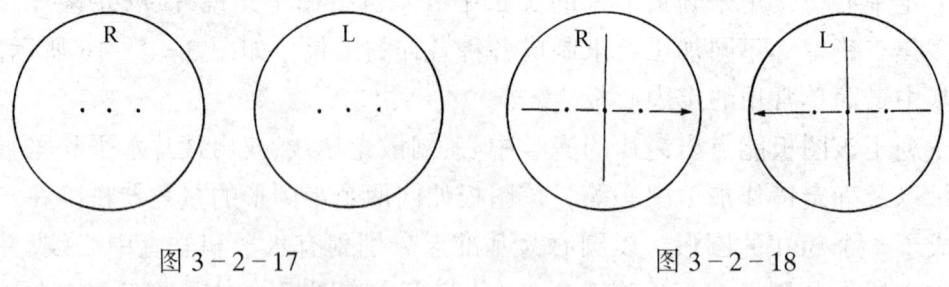

图 3-2-17　　　　　　　　图 3-2-18

C．根据公式(3-1-2)，$X = (m - PD)/2$ 计算出水平移心量，将镜片的光心沿图板的水平中心线平行向内或向外移动，并在镜片的水平基准线上作短垂线。

D. 根据公式(3-1-3)，$Y = H - h/2$ 计算出垂直移心量，将镜片的光心沿图板的垂直中心线平行向上或向下移动，并在镜片的垂直基准线上作短垂线。

E. 步骤 C 和 D 短垂线的交点(O_1)，即为加工中心点。加工制作时，将模板的几何中心点与加工中心点 O_1 重合即可。如图 3-2-19 所示。

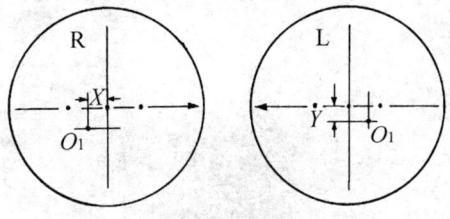

图 3-2-19

O—镜片光学中心；X—水平内移量；O_1—加工中心点；Y—垂直上移量

② 划散光轴线的应用

A. 用顶焦度仪或目测法找出散光镜片 180°的轴位，将镜片凸面朝上放在图板的水平中心线上并重合，划出 180°轴位的水平基准线。

B. 将镜片 180°轴位的水平基准线按逆时针 0°开始旋转至处方所需的散光轴位后，这时平行于图板水平中心线在镜片上再划一条新的水平基准线，即为处方上的散光轴线，也是镜片加工基准线，并用箭头标出鼻侧方向。如图 3-2-20 所示。

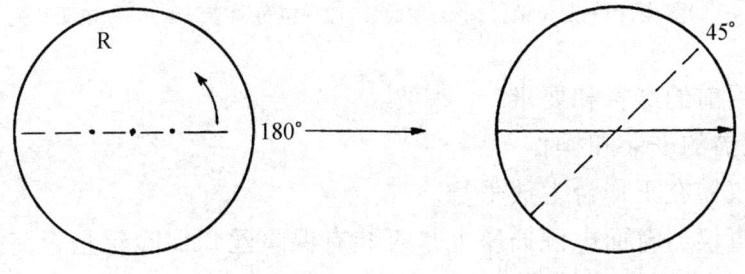

图 3-2-20

(二) 定中心仪

1. 定中心仪的用途及工作原理

定中心仪是用来确定镜片加工中心，使镜片的光学中心水平距离、光学中心高度和柱镜轴位等达到配装眼镜的质量要求。

定中心仪的工作原理是通过在标准模板几何中心水平和垂直基准线上移

动镜片光学中心至水平和垂直移心量处,从而寻找出镜片的加工中心。

定中心仪的结构如图 3-2-21 所示。

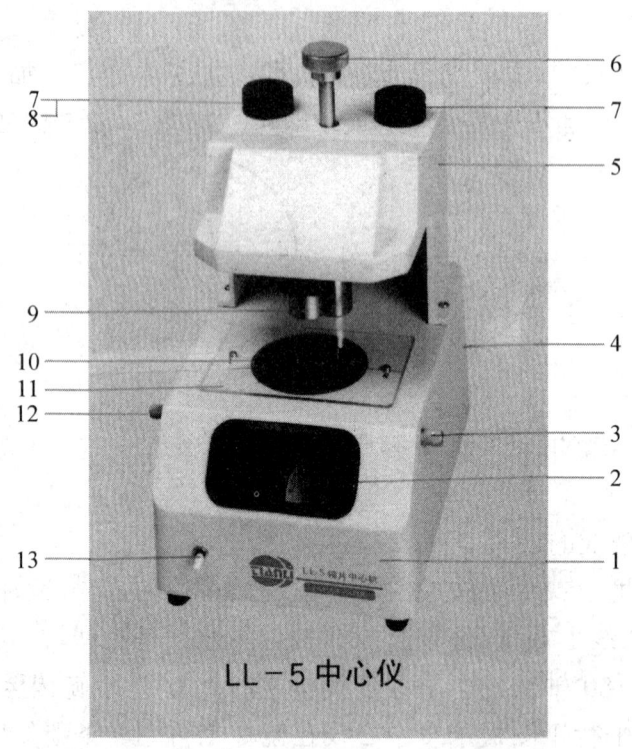

图 3-2-21

1—机座;2—视窗;3—中线调节螺丝;4—电源插座;5—机盖;6—压杆;7—护圈;8—照明灯;9—吸盘座;10—定位销;11—刻度面板;12—包角调节螺丝;13—电源开关

2．使用前的准备和要求

(1) 仪器的安装和操作

① 将仪器在工作台上放平稳。

② 检查仪器背面电源插座上是否装有保险丝和保险丝是否完好。

③ 检查电源是否有接地线。

④ 将电源线两端分别插入电源和仪器的插座上。

⑤ 打开电源开关 13,照明灯 8 即亮。在视窗 2 上可清楚看到刻度面板 11 和一条红色的中线、两条黑色对称倾斜的包角线。

⑥ 转动中线调节螺丝 3,红色中线和黑色包角线整体左右移动。

⑦ 转动包角线调节螺丝 12,两条黑色包角线对称转动,改变包角位置和大小。

⑧ 压杆 6 能带动吸盘座 9 左右转动和上下移动,以方便吸盘装入吸盘座

和将吸盘正确安装到镜片上。

(2) 使用要求

① 使用定中心仪应按配镜处方的要求来确定镜片光学中心水平和垂直移心量。

② 使用定中心仪前应用顶焦度计测量镜片的顶焦度、光学中心和柱镜轴位,并打印光心。

③ 在定中心仪上使用的标准模板应是合格的标准模板,即:

A. 模板几何中心与配装镜架的镜圈几何中心相一致。

B. 模板外形与配装镜架的镜圈形状相吻合,且大小相当。

C. 模板上两只定位销孔与定中心仪刻度面板上两只定位销配合松紧良好。

3. 使用方法

(1) 工具:LL-5型定中心仪。

(2) 操作步骤

① 打开电源开关,点亮照明灯,操作压杆将吸盘架转至左侧位置上。

② 将制模机做好的标准模板正面(有刻度线的一面)朝上,标记朝前装入定中心仪上刻度面板的两只定位销中,以备用来确定左眼镜片的加工中心。当确定右眼镜片加工中心时,将标准模板正面朝下放置,标记朝前装入刻度面板的定位销中即可。

③ 将镜片凸面朝上放置在模板之上,并且使镜片的光学中心水平基准线与模板水平中心线相重合。

④ 根据配镜处方瞳距要求和镜架几何中心水平距,利用公式3-1-2

$X = (m - PD)/2$,计算出左右镜片光学中心水平移心量。

例:镜架的规格为54—16,配镜处方要求瞳距为62mm,镜片光学中心上移2mm,问在定中心仪上应如何来确定左右镜片的磨边加工中心?

解:将 m 和 PD 值代入公式中,$X = (m - PD)/2 = [(54 + 16) - 62]/2 = 4mm$。

即:左右镜片光学中心各向内移动4mm。所以,右眼镜片的光学中心应位于定中心仪上刻度面板中心右侧4mm处和垂直上方2mm处,左眼镜片的光学中心应位于定中心仪上刻度面板中心左侧4mm处和垂直上方2mm处。如图3-2-22所示。

⑤ 转动中线调节螺丝,使红色中线与水平移心后的位置相重合(即图3-2-22中的镜片光心位置相重合)。

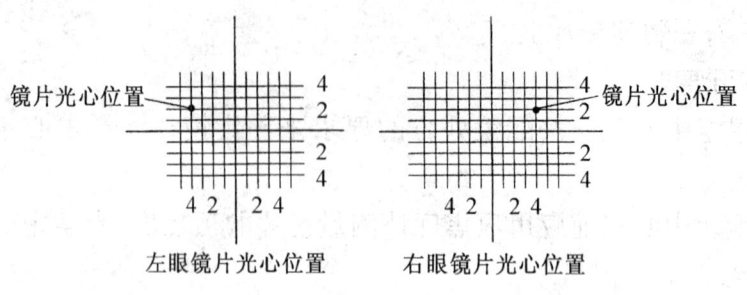

图 3-2-22

⑥ 通过视窗进行观察，并移动镜片的光学中心，使镜片的光学中心与红色中线相重合，然后再沿红色中线垂直方向上下移动镜片的光学中心与垂直移心后的位置相重合。这时镜片光学中心的位置即为加工中心位置。

双光镜片子镜片顶点水平移心量和子镜片高度的确定，首先转动中线调节螺丝，使红色中线至子镜片顶点水平移心量的位置，并移动子镜片顶点与红色中线相重合，再沿红色中线垂直方向上下移动子镜片顶点高度至面板横线刻度所需的位置，然后再转动包角线调节螺丝，使左右两条黑色包线分别与子镜片左右二顶角相切即可。

⑦ 将吸盘红点朝里装入吸盘架上，操作压杆，将吸盘架连同吸盘转至镜片光心位置，按下压杆即将吸盘附着在镜片的加工光心上。

4．注意事项

（1）清洁定中心仪时，应使用软毛刷或软布擦拭刻度面板和视窗板，切勿用干硬布料等擦拭面板，以免损坏。

（2）操作完毕时应关闭照明灯。当照明灯不亮时，应先检查电源插座上的保险丝，再检查照明灯泡，检查和更换照明灯泡应先拧下护圈。

（3）每周在压杆活动配合处加入少量润滑油。

练习题

1．什么叫移心？有什么意义？
2．什么叫水平移心？什么叫垂直移心？
3．什么叫水平移心量？什么叫垂直移心量？
4．什么叫子镜片顶点的高度？应如何进行测量？
5．顶焦度计的用途是什么？
6．什么是双光镜片的近用度数？什么是加光度数？
7．定中心仪的用途是什么？应如何进行使用？
8．如何使用定中心板确定水平和垂直移心量？

9. 镜架的规格为 52—16,瞳距为 64mm,问:水平移心量是多少？向哪个方向移动光心？

10. 镜架的规格为 50—14,瞳距为 60mm,问:水平移心量是多少？向哪个方向移动光心？

11. 镜圈的垂直高度为 40mm,测得光学中心高度为 17mm,问:垂直移心量是多少？向哪个方向移动光心？

第三节 磨 边

第一单元 手 工 磨 边

一、学习目标

能制作模板,掌握划钳工艺,了解手工磨边机的结构、特点,掌握在手工磨边机上进行磨平面、磨尖边的操作要求及方法。

二、学习内容

(一) 概述

磨边工艺——把符合验光处方的毛边定配眼镜片磨成与眼镜架镜圈几何形状相同的一种加工工艺。

根据磨边加工的手段不同可分为:手工磨边和自动磨边。

手工磨边是以手工操作为主,凭经验按划线磨出镜片边缘形状的一种磨边方法。手工磨边的特点:设备简单、加工成本低廉;但要求操作者有较高的技能,而且镜片的光心位置、柱镜轴位等不够精确。

手工磨边按操作过程可分为三道工序,模板制作工序、划钳工序、磨边工序。

(二) 模板手工制作

所需工具:铁笔或划针、墨水笔、剪刀、锉刀、直尺。

1. 直接用原眼镜架撑片制作模板

眼镜架撑片起保护镜架镜圈不变形作用。由于撑片与镜圈几何形状相同,所以是最理想的模板材料。眼镜架撑片如图 3-3-1 所示。

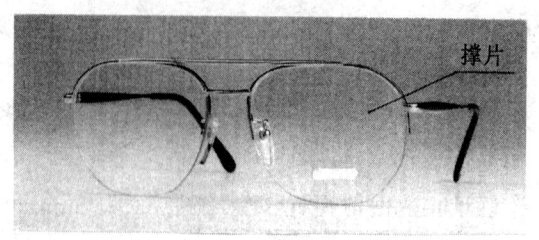

图 3-3-1 眼镜架撑片

操作步骤：

(1) 过撑片几何中心作水平线与垂直线

① 不卸下撑片用直尺量出两镜圈纵向最大高度的 1/2 处。在一片撑片上用笔划出水平线 EF。

② 用直尺量出镜圈横向最大宽度的 1/2 处。用笔划出垂直线 GH。

③ 水平线与垂直线的交点 O 就是撑片的几何中心。光学中心的偏移量以此为基准。如图 3-3-2 所示。

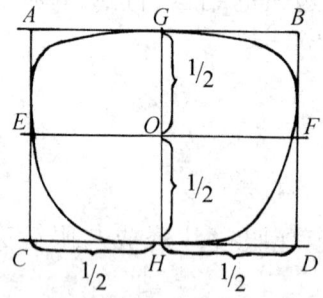 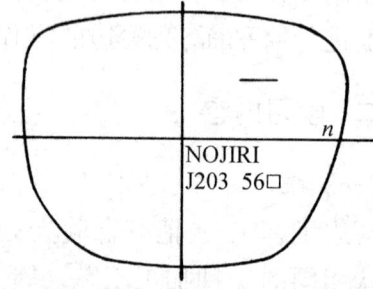

图 3-3-2 撑片上水平线与垂直线　　图 3-3-3 确定模板的方向

(2) 确定模板的方向

为了在磨边加工时分清左右眼镜片及镜片的上下，一定要在模板上确定鼻侧方向 n 和近眉框方向也可简单地在模板的鼻侧上方画一箭头指向鼻侧，既指明鼻侧方向又指明近眉框方向。在模板上还应标明镜架型号、规格及品牌，便于以后相同镜架的眼镜制作。如图 3-3-3 所示。

2．无撑片的模板制作

低档眼镜架有相当部分没有安装撑片，我们可用塑料板或硬纸板制作模板。

操作步骤：

(1) 画模板外形

① 把眼镜架镜腿朝上，右手稍用力按住镜圈压在塑料薄板(0.5～1mm)

或硬纸板上。

② 右手用铁笔或油性墨水笔在镜框里面紧贴边缘画出相似图形。

③ 并在纵横向 1/2 标记处做好记号,画出水平线与垂直线。

④ 确定模板的鼻侧、近眉框方向。

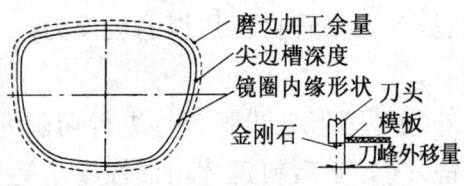

图 3-3-4 模板外形尺寸

(2) 根据玻璃刀的刀锋位置,镜架尖边槽的深度,确定模板外形尺寸。

模板外形尺寸＝镜圈内缘形状尺寸尖边槽深度＋磨边加工余量－刀锋外移量。一般情况,塑料眼镜架与金属眼镜架的尖边槽深度在 0.5~1mm 之间,磨边加工余量约 0.5~1mm(见图 3-3-4)。

(3) 模板制作

通常,刀锋外移量可抵消磨边加工余量,所以模板制作时剪刀可沿镜圈内缘画线向外 1mm 处,剪除不用部分,用锉刀将周边修锉光滑。将模板与镜圈进行比较、修整。

3．注意事项

① 用笔画线时,笔尖要紧贴镜圈内缘,不要变动,以免模板形状发生变形。

② 模板制作时,宁大勿小,模板尺寸过大,可以修整,模板尺寸过小,只能报废。

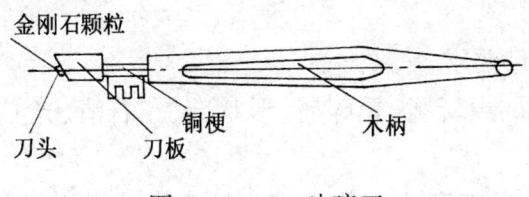

图 3-3-5 玻璃刀

(三) 划钳

所需工具:金刚石玻璃刀,修边钳。

1．玻璃刀的结构及使用要求

(1) 结构(见图 3-3-5)

(2) 使用要求

① 捏刀手势：右手大拇指与食指相对握住刀柄，中指按在刀板右侧稍前方，其余手指助托中指。

② 走刀方向：从左向右，以臂动为主，腕部不动保持刀锋角度不变。

③ 专人专刀：每把玻璃刀经过配镜员使用找准了刃口，形成习惯角度，使用顺手，所以每个配镜员专人保管自己用惯的玻璃刀。

2．划片

用玻璃刀沿模板外缘对圆形毛边眼镜片进行切割的操作称为划片。主要用于光学玻璃材质的镜片（光学塑料镜片用油性墨水笔划出加工界线）。

（1）操作步骤：

① 确定加工中心：

把模板分清左右向，根据光学中心偏移量要求，对准光心位置和光轴位置后覆盖在被加工镜片的凹表面上，位置的准确与否可在镜片凸表面观察印点与模板上十字线的偏移量。

② 划线准备

右手拿刀，姿势见前面介绍，左手将大拇指紧按样板的中央，食指按在镜片的凸表面，两指捏紧，防止划片时模板移动错位。镜片凸表面边缘部分搁在垫有清洁的软性垫的工作台上。

③ 划片操作

A．玻璃刀的刀头左侧紧贴模板周边，用力使刀刃切入镜面。由左向右划动。

B．左手配合右手，以大拇指为旋转中心，镜片向逆时针方向自转。

C．右手握刀沿模板边缘划完全程。最佳操作是只有一个接刀点，划痕细而通亮。

（2）划片的质量要求

划线细、割痕深、声音脆、无碎屑、形状准、左右清、光心准、无擦痕。

（3）注意事项

① 划片操作是手工磨边工艺中难度较高的一项操作技能，只有通过勤学苦练，细心体会，不断改进才能熟练掌握。

② 沿模板周边划割只能划一次，不能在原痕处重复再划，否则会使第一次划割造成的应力紊乱，又易损坏金刚石刃口。

③ 有些镜片上留有防护层类物质，会使刀头滑溜，造成划割不良，所以进刀时，要用力使刃口切入镜面。

④ 划片时压力的控制：一般薄片压力小些，厚片大些，力的大小由操作者

自我感觉控制,看切割效果而定,不同质地的光学玻璃的硬度、脆性也有较大的差异,要反复试验而定。

3. 钳边

用修边钳沿划片切割痕,将多余的部分除去,使被加工镜片与模板形状基本相同的操作为钳边。

(1) 操作步骤

① 轻击划片切割痕,扩展裂纹深度:

左手大拇指按在镜片凹表面中央,食指、中指托在凸表面,右手握玻璃刀,用刀板轻击划片切割痕的对应面(凸表面),使切割裂纹向纵深扩展。敲击点不能过切割痕内侧,以免在成型镜片上留下敲击痕点。

② 钳边准备:

左手持片姿势与上基本相同,只是中指抵住修边钳口控制进钳量,右手握修边钳。

③ 钳片操作:

A. 右手握修边钳。钳口夹住镜片,向下向外用力,达到剪除效果。

B. 左手持镜片,大拇指与其余四指相对分布在镜片两表面上,中指控制进钳量,食指与无名指推动镜片旋转配合右手修边钳的动作。

C. 左手持镜片循序旋转,右手握修边钳用腕部轻轻转动连续节奏钳剪,直至划片切割痕外多余部分全部去除。形成与模板相同的粗形坯。钳边手势见图3-3-6。

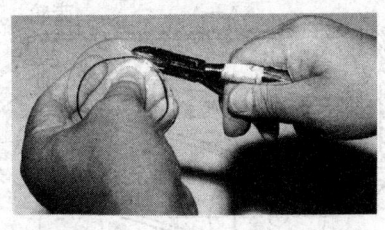

图3-3-6 钳边手势

(2) 钳边的质量要求:

钳口不过切割痕线,线内不缺口,不崩边。

(3) 注意事项:

① 钳片时,钳口不要夹得太紧,防止镜片向内裂开破损。

② 每次钳片量不要过大,防止用力过大,使镜片断裂。

③ 钳片要按划片切割裂痕钳,钳口不越线。

④ 钳片力大小的控制要注意镜片的厚薄,镜片材料的物理性能,灵活掌握。钳边要反复操练,才能熟练掌握。

⑤ 光学塑料镜片,现在一般都用自动磨边工艺。若采用手工磨边工艺,墨水笔划线后也可直接用剪刀,剪去多余部分,形成粗形坯。

⑥ 钳片后粗形坯尺寸,宁大勿小,充分保证合适的磨边加工余量。

(四) 磨边

所需工具:手工磨边机(砂轮机)

1. 台式手工磨边机的结构和功能

磨边机的结构型式为卧式,砂轮轴可正反旋转,镜片与砂轮的冷却主要靠泡沫塑料吸满水与砂轮接触来完成。磨边机可完成镜片的粗磨、精磨、倒角和修边等工作。台式手动磨边机结构图如3-3-7。

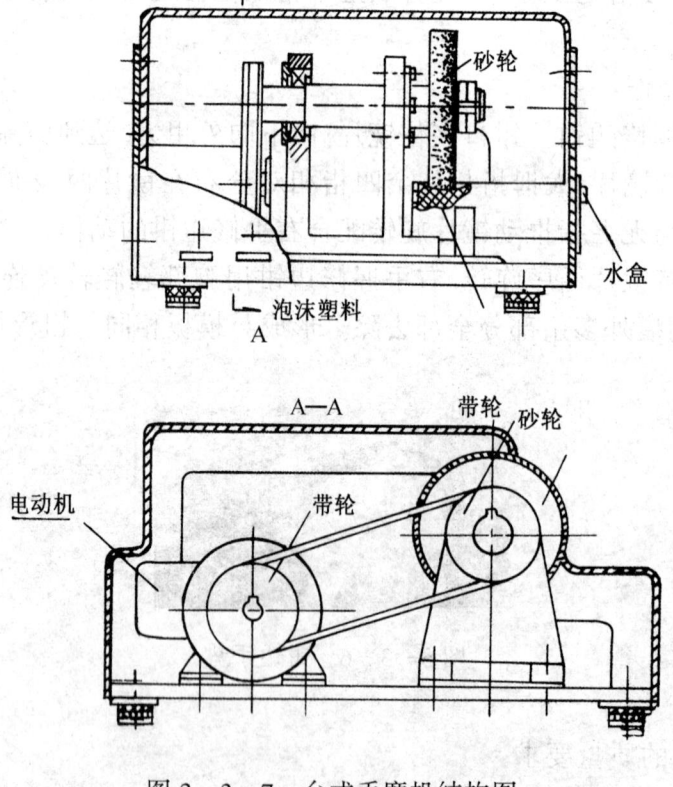

图3-3-7 台式手磨机结构图

2. 手工磨边机操作

手工磨边分两步。第一步磨平边——磨出与模板完全相同的形状;第二步磨尖边——按镜架类型要求,磨出嵌装的110°尖边。

(1) 磨平边

磨平边的目的：划钳工序后，镜片周边粗糙不光滑，形状尺寸与模板不完全符合，经过磨平边的加工，使镜片周边光滑平整，左右镜片形状尺寸与模板一致，提高眼镜配装质量。有些配镜员省去磨平边这步操作，直接磨出尖边，虽省了时间，但左右眼镜片的对称一致性将受影响。

① 磨平边的操作姿势

磨边操作姿势根据被加工镜片在磨削时的位置分为水平磨边和垂直磨边两种，按操作者个人习惯而定。这里，我们采用垂直磨边操作进行磨平边加工。

操作姿势：右手：食指位于镜片右表面上部，中指位于镜片右表面下部，大拇指按在镜片左表面中央稍下处。

左手：食指和中指的指端按在镜片左表面靠近砂轮处。

② 磨平边的动作如图3-3-8所示。

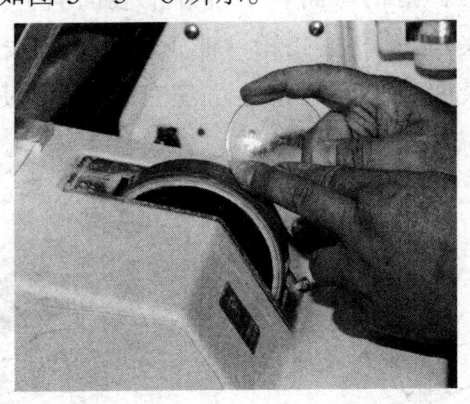

图3-3-8 垂直磨边手势

左右手都靠腕部的转动，将镜片的周边在旋转的砂轮上由上向下逆时针转动磨削，以右手用力为主，左手助力，连续地分段修磨，完成整个周边的磨边。

③ 镜片尺寸控制

在磨平边的过程中，要常用模板来检验镜片的尺寸大小及形状的一致性。

④ 注意事项

A. 磨平边时，镜片周边与砂轮的接触要平稳，左右不要晃动。

B. 磨边时，镜片经常与模板比较，镜片尺寸宁大勿小。

C. 半框架、无框架镜片磨平边时，镜片周边上不能有明显的分段磨削的接痕，切入和退出砂轮时动作要轻，前道的分段接痕需被后道的连续磨削消除,保证镜片周边的平整光滑。

(2) 磨尖边

磨尖边的目的:使镜片镶嵌在有框眼镜的镜圈沟槽内,防止镜片受外力及温度变化而脱离镜架。

尖边的角度:镜片配装有框架款式时,镜架周边的尖角约 110°±10°。

尖角两夹角边长度的分配:

A. 通常中、低度数的镜夹角两边长度相同。

B. 高度近视镜片边缘较厚,从配戴的美观,及镜眼距的要求等因素的考虑,两夹角的长度采用不等长度。朝凸表面角边窄些,朝凹表面角边宽些,一般的比例约为1:2(如图3-3-9所示)。

① 磨尖角的操作姿势

这里我们采用水平磨边操作进行磨尖边加工。

操作姿势:右手:食指稍弯曲置于镜片下表面右方,大拇指置于镜片上表面右方靠近镜片中央。左手:食指稍弯曲置于镜片下表面左方靠近镜片中央,大拇指置于镜片上表面左方靠近镜边。左右手持片,使镜片呈水平与磨边砂轮接触(如图3-3-10所示)。

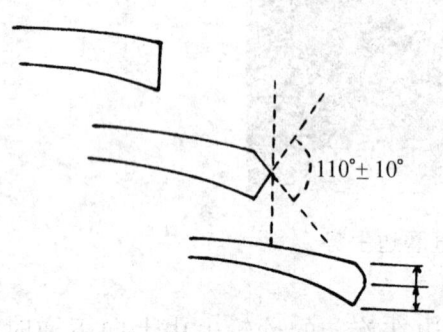

图3-3-9 镜中尖角边角度与分配

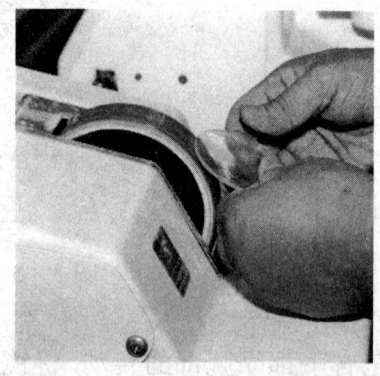

图3-3-10 水平磨边手势

② 磨尖边的动作

将镜片与砂轮有一个倾斜角度的接触,倾斜角度约为35°左右。用右手的大拇指与左手的食指作转动支点,移动右手食指及左手拇指使镜片转动,均匀磨削。

③ 尖边尺寸的控制

斜边磨至约1/2边厚时(高度近视镜片,前凸面斜边长约1/3边厚)将镜片翻身磨另一条斜边,两斜边的夹角为110°±10°。

④ 注意事项

A. 磨尖边时,两手配合要恰当,镜片在砂轮表面上平衡均匀转动,用力要均匀,每个斜边的磨削都必须连续旋转几周完成。这样磨出的斜边是平直的,否则,不易控制斜边的平直,斜边结合处就不美观。

B. 斜边的角度的控制主要是掌握镜片与砂轮接触的倾斜角度,长期操作会养成习惯姿势,所以初学时一定要严格要求。

C. 磨斜边时,一般先磨凸面,然后再磨凹面,尺寸的大小、片架形状的一致性在操作时要时刻控制好,不可掉以轻心,以防出错。

(3) 磨安全角,倒棱去峰

① 镜片成形磨削后,凸凹表面边缘出现棱角,装配眼镜时棱角部易产生应力集中而崩边,配戴者受外力冲、撞击后皮肤易被棱边刮伤,所以必须在镜片凸凹表面边缘进行倒边去棱。

② 安全斜角的要求:与边缘成 30°角,宽约 0.5mm(如图 3-3-11 所示)。

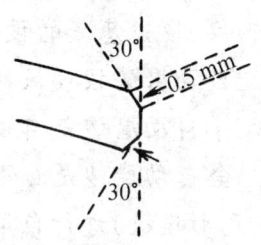

图 3-3-11 安全角

③ 操作:一般用垂直磨边姿势,把成形镜片的凸凹表面边缘各连续旋转轻磨二周既可。

练习题

1. 什么是磨边工艺?
2. 手工磨边工艺有哪些特点?
3. 为什么说撑片是最理想的手工模板材料?
4. 手工制作模板的操作要点有哪些?
5. 为什么沿模板周边划割只能一次?
6. 钳边对质量有何要求?
7. 镜片的尖角有何作用?其角度应为多少?
8. 为什么要磨安全倒角?安全倒角有何要求?

第二单元 自动磨边

一、学习目标

通过学习,了解制模机的结构工作原理,掌握制模机的操作方法。了解自动磨边机的结构、工作原理,掌握自动磨边机的操作方法,能对不同镜架材料、不同的镜架类型,不同镜片材料,不同屈光度的各种镜片进行磨边要求分析,确定最佳磨边参数。

二、学习内容

(一) 概述

近年来,随着科学技术的发展,模板制作,镜片磨边都已实现机械化自动化。磨边质量,尺寸精度和生产率都有很大提高,手工磨边已逐步被自动磨边所替代。

自动磨边的特点:操作简便,磨边质量好,尺寸精度高,光学中心位置、柱镜轴位、棱镜基底的设定精确,但设备投资大,加工成本较高。

自动磨边按模板的存在形式分为半自动磨边和全自动磨边两种。

半自动磨边是自动磨边机按实物形式的模板进行自动仿型磨削。

全自动磨边是自动磨边机按电脑扫描的镜圈或撑片形状、尺寸的三维数据(无形模板)进行自动磨削。

半自动磨边按操作过程可分为三道工序:模板制作工序、定中心工序、磨边工序。其中定中心工序在前面章节中介绍,本单元着重介绍模板制作工序与磨边工序的操作。

(二) 模板制作

所需工具材料:模板坯料、制模机、锉刀、直尺、油性记号笔。

1. 模板坯料形状与尺寸

模板坯料是注塑成形的塑料板,经冲压成形,长70mm,宽60mm,板厚1.5mm,四周都倒R38的圆角以避免与制模机立柱发生干涉。坯料中央有φ8的顶出孔,水平线上有两个φ2定位孔,保证在模板机,定中心仪和自动磨边机上的正确位置,垂直线上有一个φ2指示孔,标明模板的近眉框方向(如图3-3-12所示)。

2. 制模机的结构、工作原理

(1) 结构

图3-3-13为制模机外形图。

制模机上部为镜架工作座。由连体夹子、前后定位板、坐标面板、夹紧螺丝等组成。

制模机中间部由三大部分组成。

① 模板工作座:由定位钉,模板顶出杆、顶出按钮等组成。

② 切割装置:由曲柄滑块机构和刀具组成。

③ 操纵机构:由压力调整装置,模板大小调整装置,模板基准线轴位调整

装置及操纵手柄等组成。

制模机下部封闭在箱体内,由电机、带传动机构、齿轮传动机构等组成。

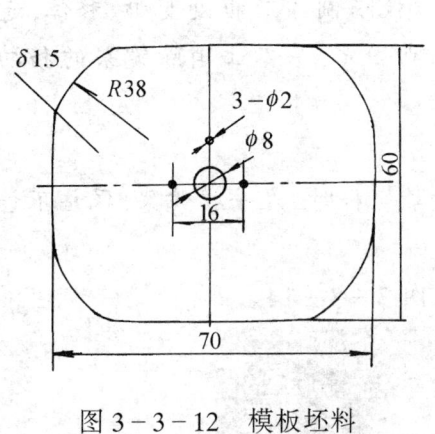

图 3-3-12 模板坯料

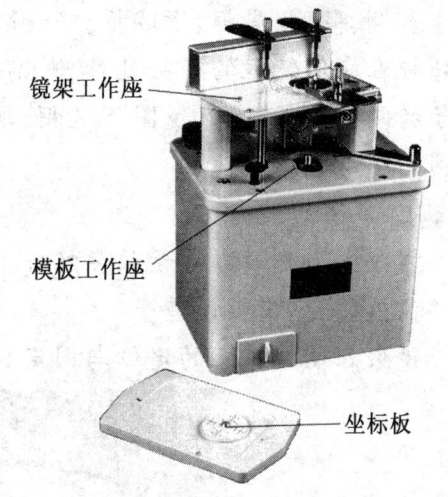

图 3-3-13 制模机外形

(2) 制模机工作原理

模板机内有两个电动机,一个电动机通过带传动带动曲柄滑块机构连接的刀具作高速上下往复运动进行模板的切割,另一个电动机通过齿轮传动机构同时带动镜架工作座和模板工作座作逆时针旋转,由于两个工作座的齿轮传动比一致,所以能同步旋转,保证了模板与镜圈的一致性。

3. 用制模机制作模板的操作步骤:

(1) 放置模板坯料

取一块模板坯料放置在模板工作台上,模板定位孔镶嵌在模板工作座的定位钉上,模板的顶出孔镶嵌在模板顶出杆上,垂直线的指示孔朝里。

(2) 镜架的定位与固定

① 镜架的定位

A. 将镜架两镜腿朝上放置在镜架工作台上,镜架的眉框处朝向前后定位板。镜架工作座上有纵、横坐标的刻度线。以确定镜架的位置。

B. 转动定位板位置调节螺母,使定位板位置按需前后移动,当镜圈的上下边框所处的纵向坐标刻度值相同时,则镜架的纵向位置已调好,保证了基准线位于上下边框的中间。

C. 手扶镜架左右移动,当右(左)眼镜圈的左右边框所处的横向坐标刻度值相同时,镜架的横向位置也已调好,保证了镜圈的几何中心与模板的几何中心一致。

② 镜架的固定

A. 镜圈被固定的位置：

鼻侧、颞侧、眉框、下边框。一般鼻侧夹紧螺杆可直接夹在鼻梁上，颞侧夹紧螺杆在颞侧镜框的庄头处外侧，前后定位板限制了眉框处变形、移位，连体夹子的两夹持点，夹在镜圈下边框，通过五点固定，基本上消除镜架的移动和镜圈的变形。

B. 镜架的固定：

右手先后旋紧各夹子相关螺杆。在旋紧螺杆时，左手扶镜架，保证不让镜架移位，以减少模板误差。

镜架在制模机上的定位与固定状况见图 3-3-14。

图 3-3-14 镜架定位与固定

(3) 切割模板

① 操纵手柄扳到预备位置(ON)。

② 把仿形扫描针嵌入镜圈沟槽内。

③ 把操纵手柄扳到工作位置(CUT)。模板机开始工作，仿形扫描针绕镜圈旋转一周约 30 秒钟，完成模板制作。

(4) 修整模板

① 模板切割完毕后，把操纵手柄扳至停止位置 OFF。

② 按下顶出按钮，使模板被顶离模板工作座，取下模板与模板坯废料。

③ 用钢锉对模板进行倒角，防止其刮伤镜架镀层，然后压入镜圈，对光检查吻合程度，进行微量整修，保证模板与镜圈的完全吻合，松紧适度。

4. 注意事项

(1) 模板形状，尺寸大小是保证磨边质量的关键，所以制模机的压力调整装置，模板大小调整装置等不要随意变动，否则调整很困难。

(2) 在固定镜架时,颞侧边框上下不能加力,否则会影响镜圈的弯度,使模板与镜圈形状发生变化。

(3) 目测确定镜架的位置,要观察镜圈的四周最大水平距离和最大垂直距离处切点的坐标刻度值,要上下对等左右对等。

(4) 模板镶嵌入镜圈检查无误后,在取下模板之前,请用油性记号笔,标上鼻侧、近眉框的标记,以免差错。

(三) 自动磨边工艺

所需工具:自动磨边机,手修磨边机、模板、定中心仪、真空吸盘(双面粘贴盘)。

1. 自动磨边机的结构

图3-3-15为自动磨边机的外形图。

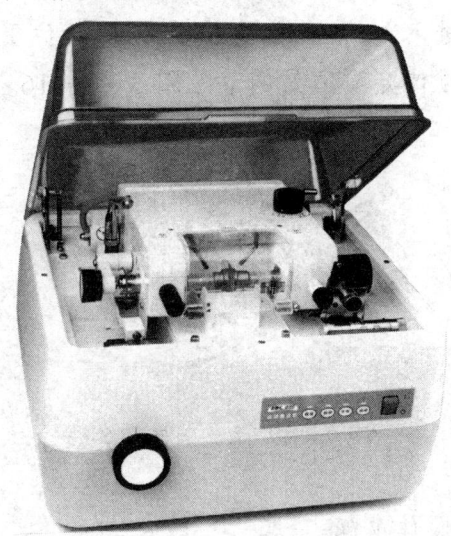

图3-3-15 自动磨边机外形

自动磨边工艺中的磨边是采用成形法磨边,金刚石砂轮的表面就按镜架框槽沟形状110°角制作好,所以倒角匀称磨边质量好。为了提高磨边效率,自动磨边机砂轮采用粗磨、精磨、倒角等组合砂轮。

目前使用的自动磨边机,型号众多,外形相差很大,但它们的机械结构,工作原理基本相同,差异不大。

2. 自动磨边机的各类调节装置

(1) 压力调节装置

磨削压力大,磨削量大,提高了生产效率,但砂轮寿命将显著缩短。磨削压力的大小,随镜片的硬度及厚度等不同作调整,大致的标准是磨削时无火花产生。

(2) 镜片类型调节

光学玻璃与光学塑料镜片的基体硬度相差很大,所以磨削时,磨削压力也应有所区别,一般磨削光学塑料镜片应减轻磨削压力,部分自动磨边机除了磨削压力作变化外,还有玻璃、塑料的不同专用砂轮,来提高加工效率和磨削质量。

(3) 镜片磨边尺寸调节

根据镜架的种类(塑料、金属)不同,镜片磨边尺寸可通过尺寸调节装置使靠模砧作上下微量调节。向上移,使被加工镜片尺寸放大,反之则小。

(4) 倒角种类及位置的调节

考虑镜架的种类(有框架、半框架、无框架)。镜片的屈光度,装架后的美观等因素。调整镜片进入组合砂轮的成型V槽的位置,来达到所需尖角边(平边)的要求。倒角的种类及位置调节见图3-3-16。

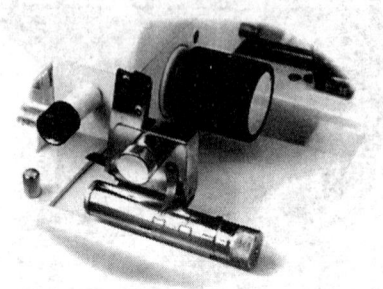

图3-3-16 倒角种类

2. 自动磨边机的操作步骤

由于磨边顺序是自动转换,磨边质量由机器保证,所以在自动磨边机上进行操作,重点是模板与镜片的装夹和磨削加工前各控制调节按钮的预选,这些都将直接影响被加工镜片的磨边质量,因此要给予重视。

(1) 模板、镜片的装夹操作

① 开启电源开关,自动磨边机处于待工作状态。

② 把合适的模板安装在左边模板轴上,安装时,模板的上侧指示孔与轴上红点标记对准。确认左右无误后,嵌入轴上的两定位销上,用压盖固定。

③ 把定中心仪确定的安装橡皮真空吸盘的镜片嵌按在镜片轴的键槽内,安装时,橡皮真空吸盘铜座的红点标记与轴上的红点标记对准,用手动或机动的方式,使镜片夹紧轴上的橡皮顶块夹紧被加工镜片的凹面,手动夹紧时,夹紧力要适中,过大,镜片易夹裂,过小,磨削时镜片易移滑。

模板和镜片的按装见图 3-3-17 和 3-3-18。

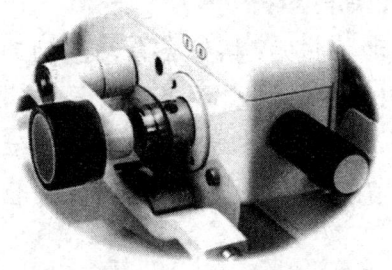

图 3-3-17 模板的安装

图 3-3-18 镜片的安装

(2) 镜片材料的设定操作

目前大部分自动磨边机都有镜片材料(光学玻璃、光学塑料)选择按钮,来保证磨削质量与效率,操作时根据被加工镜片的材料进行选择。

(3) 镜片加工尺寸的调整操作

由于模板尺寸通常比镜框槽沟略小及砂轮的磨损等因素。所以设定镜片加工尺寸比模板稍大,需要根据经验进行微调。

加工光学玻璃镜片的情况

① 金属框架:约 +0.3~+0.5mm

  塑料架:约 +0.8~+1.0mm

② 加工光学塑料镜片的情况

  金属框架:约 +0.8~+1.0mm

  塑料架:约 +1.3mm

③ 磨平边时约 +1.8mm

(4) 磨削压力的调整操作

磨削压力出厂时已调好,操作时可按使用说明,选择一个最佳值。

(5) 倒角种类位置的调整操作

① 操作时,根据有框架、无框架、半框架,选择尖边或平边按钮;

② 根据镜片周边厚度,设定尖角在周边上分布的位置,有些自动磨边机可自动判断,不需预设。

(6) 加工顺序的设定操作

如果要进行自动磨边顺序:粗磨——精磨——倒尖角边(平边),则选择联动开关,否则选择单动开关。

(7) 磨边启动操作

装夹好模板、镜片后关好防护盖,做好各项预定调节工作,自动磨边的主要手工操作阶段结束。按下磨边启动按钮开关。

带电脑控制的仿型自动磨边机,按下启动按钮后,摆架会自动移动到粗磨区,下降开始磨削。

GS-75型自动磨边机略抬摆架手柄向左移动并降下摆架使粗磨位置调整定位销进入导槽,从而控制摆架的轴向位置,使镜片的周边在砂轮的粗磨区进行磨削。

(8) 监控自动磨边过程

启动后,镜片由摆架带动向下与磨边砂轮接触进行磨削,镜片轴低速旋转,当磨削至模板与靠模砧接触后,镜片轴以顺序逆转(一正一反)方式依次进行磨削,减少空行程,提高磨边效率。

当镜片基本成形后,镜片轴朝一个方向连续旋转进行光刀精加工,光刀完成后,摆架自动抬起使镜片脱离砂轮,并自动移动到倒角V形槽成形砂轮上方,然后自动向下,使镜片进入倒角磨削。

先进行倒角粗加工,镜片轴以一个方向间歇旋转,当V形尖角边基本完成后,镜片轴连续向一个方向旋转进行倒角精加工,磨边全过程结束后,摆架自动抬起,使镜片脱离砂轮的V形槽,并向右移动到原位,磨边机自动关机停转。

(9) 卸下镜片,倒安全斜角操作

自动磨边结束后,打开防护盖,按下松开按钮或旋松夹紧块,卸下镜片,并在手磨砂轮机上对镜片的凸凹两边缘上倒出宽约 $0.5mm \times 30°$ 的安全倒角。

(四) 注意事项

1. 老型号GS-75自动磨边机之类的镜片加工尺寸的调整装置的螺旋结构存在回程误差,当刻盘向正方向旋转时,置于要求的尺寸位置即可,但当刻盘向负方向旋转时,要将刻盘过量旋转,然后再向正方向旋转至要求的尺寸位置,以消除回程误差。

用数码显示的新型自动磨边机,则直接在控制键上,键入所需增减尺寸,不必考虑回程误差。

2. 为了使粗磨区砂轮平均磨损,在使用中旋转调节砂轮粗磨区位置旋钮或键入位移指令,使磨削位置左右移动,提高粗磨区砂轮的寿命。

3. 加工中,冷却水要充分流动。冷却水过少,会出现火花,使金刚石砂轮的寿命、锋利度会显著下降,同时还会引起镜片破损。冷却水过多则飞溅出盖板,影响加工环境的整洁。

4. 冷却水要经常更换,减少水中的磨削粉末对镜片表面质量和砂轮寿命的影响。更换冷却水时,请同时清扫喷水嘴和水泵的吸水口,保证工作时冷却水的顺畅流动。

5. 真空吸盘(粘盘)使用时,不要沾上磨削粉末,否则安装时会擦伤镜片。磨削完成后装配在镜架上,在镜片尺寸与镜框尺寸大小完全一致前不要卸下真空吸盘(粘盘),若镜片尺寸稍大时,则可重新上机器进行二次研磨,真空吸盘(粘盘)不移动,光学中心位置不会改变。

6. 经常对自动磨边机进行清洁保养工作,随时擦去机器上的灰尘和镜片粉末,对滚动、滑动的轴承处按保养说明,加注润滑油,保证机器灵活正常工作。

第三单元 抛光机、自动开槽机的使用

一、学习目标

掌握抛光机、自动开槽机的使用。

二、学习内容

(一) 抛光机

1. 抛光机的用途

抛光机是用来抛去光学树脂片和玻璃镜片经磨边后,磨边机砂轮所留下的磨削沟痕,使镜片边缘表面平滑光洁,以备配装无框或半框眼镜。

2. 抛光机的工作原理

抛光机是由电动机和一个或两个抛光轮所组成。由电动机带动抛光轮高速旋转,使镜片需抛光部位与涂有抛光剂的抛光轮接触产生摩擦,即可将镜片边缘表面抛至平滑光亮。

抛光机有两种类型。一种是沿用眼镜架抛光机经改装而成,可称为立式抛光机。抛光轮材料使用叠层布轮或绵丝布轮。另一种是新近设计的镜片专用抛光机,称直角平面抛光机或卧式抛光机(如图3-3-19所示)。其特点是抛光轮面与操作台面呈45°角倾斜,便于加工操作,且抛光时,镜片与抛光轮面呈直角接触,免除了非抛光部分产生的意外磨伤。抛光轮材料选用超细金刚砂纸和压缩薄细毛毡。超细砂纸用于粗抛,薄细毛毡配有专用抛光剂用于细抛(如图3-3-20所示)。

NO.173平面抛光机（无镜片镀膜损伤）

图3-3-19　卧式抛光机

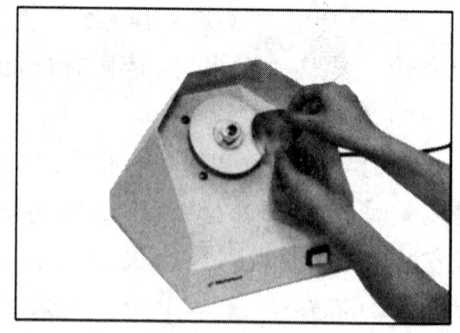

图3-3-20

3．抛光机的使用方法

(1) 工具：抛光机、抛光剂

(2) 操作步骤

① 粗抛：

A．首先，逆时针旋转抛光轮螺纹棒，在其圆盘的下面装上薄细毛毡，上面装上超细砂纸，用超细砂纸粗抛需抛光表面。

B．双手手持镜片，使镜片与抛光轮面呈直角状态，然后轻轻接触进行抛光。

② 细抛：将超细砂纸换下来，加装薄细毛毡抛光轮并均匀地涂上抛光剂，然后与粗抛同样的手法进行抛光即可。(如图3-3-20)（注：玻璃镜片抛光时，只需用超细砂纸进行抛光即可）。

4．注意事项

(1) 操作时应双手拿住镜片，以免镜片被打飞。

(2) 操作时镜片和抛光轮不能用力接触，以免将镜片抛焦。

(3) 操作时应配戴防护眼镜和防尘面具。

(4) 不使用时应拔掉电源插头。

(二) 自动开槽机

1．自动开槽机的用途及各部位名称

自动开槽机是用于树脂镜片或玻璃镜片经磨边后在镜片边缘表面上开挖一定宽度和深度的沟槽，以备配装半框眼镜之用（如图3-3-21所示）。

2．镜片槽型的选择

如图3-3-22所示，镜片槽型有三种类型。在开槽之前，首先要确定槽的类型，提起调节台，按照槽的类型设定调节台后面的弹簧挂钩。

(1) 中心槽

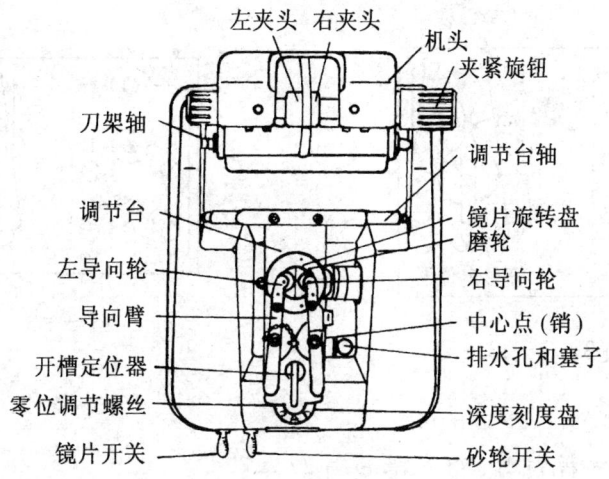

图 3-3-21　NG-5 自动开槽机

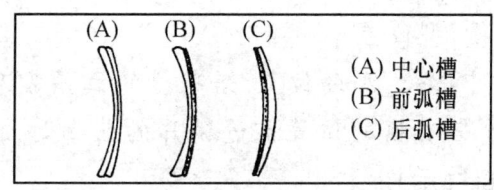

图 3-3-22

适用：边缘厚度相同的薄镜片，远视镜片或轻度近视镜片。
设置操作：按照图 3-3-23 进行操作。
① 提起调节台，将弹簧挂钩插入最下面的标有"C"记号的两个联结点。
② 将中心销插入两导向臂的中间。
③ 将定位器旋到中心位置。
(2) 前弧槽
适用：高度近视镜片，高度近视及含高度散光镜片。
注意：槽的位置与镜片前表面的距离不小于 1.0mm。
设置操作：按照图 3-3-24 进行操作。
① 提起调节台，将弹簧挂钩插入"F"点和"C"点的孔中。
② 移开中心销，使其悬空。
③ 夹紧镜片慢慢放到下面的镜片放置台上，转动镜片至寻找到镜片边的最薄位。
靠拢两导向臂，转动定位器，使镜片移到需开槽的位置上。

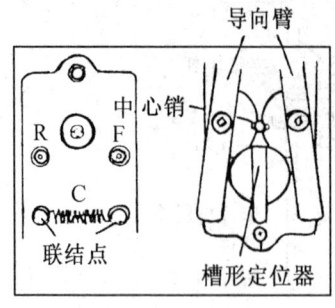
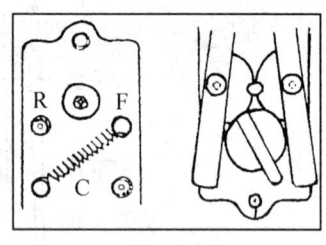

图 3-3-23　　　　　　　图 3-3-24

(3) 后弧槽

适用:高度远视镜片,双光眼镜片。

这种槽型一般情况下很少使用,但双光镜片选择该槽型很方便。

设置操作:按照图 3-3-25 进行。

(4) 调整"中心槽"型位置

本机还可调整"中心槽"型的位置,若将槽的位置靠近镜片的后面时,可顺时针转动调节旋钮。若将槽的位置靠近镜片的前面时,逆时针转动调节旋钮即可(如图 3-3-26 所示)。

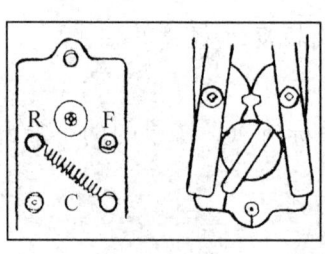
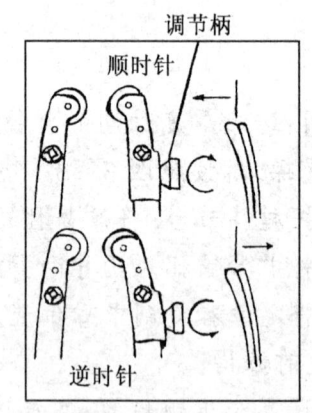

图 3-3-25　　　　　　　图 3-3-26

3. 自动开槽机的使用方法

(1) 工具:NG-5 自动开槽机。

(2) 操作步骤:镜片槽型设定之后,按以下步骤进行开槽。

① 深度刻度盘须调到"0"位,两个开关都在"OFF"位置。

② 利用附件加水器,用水充分地润湿冷却海绵块。

③ 按图示方向夹紧镜片,将机头降低到操作位置。

④ 打开导向臂,镜片落到两尼龙导轮之间,切割轮之上。打开镜片开关至"ON"位置,使镜片转动1/4转后,检查确定槽的位置是否恰当。然后再打开切割轮开关,并调节槽的深度刻度盘确定槽的深度。

⑤ 大约40秒后,切割的声音发生变化时,表明开槽完成,关闭切割轮开关后再关闭镜片开关,抬起机头。

⑥ 如果需在玻璃等较硬材质的镜片上开槽很深时,先将开槽深度设置所需的一半进行开槽,然后再将开槽深度设置所需的深度即可。

4. 注意事项

(1) 开槽机的切割轮前方固定有一小排水管,同时配制有一个塞子以防偶然的喷溅,需经常拔动塞子,防止过多的积水使轴承锈蚀。

(2) 每日取出海绵清洗干净,使用前需注入水充分浸湿海绵,当海绵用旧后及时更换。

(3) 使用前应给各转动轴部位上润滑油,并经常保持清洁。

(4) 重新更换切割轮时,应先断开电源插头,然后在轴的小孔中插入一细棒,再旋开轮盘的十字槽头螺丝钉。

练习题

1. 自动磨边工艺有哪些特点?
2. 制模机怎样保证模板与镜圈的一致性?
3. 镜架在模板机上的定位和固定有何要求?
4. 简要叙述自动磨边机的传动原理?
5. 磨削的压力与磨片的效率、砂轮寿命有何关系?大致的标准是什么?
6. 在自动磨边机上为何要对镜片加工尺寸进行微量调整?
7. 真空吸盘为何在镜片尺寸无误后才能取下?
8. 抛光机的工作原理是什么?
9. 镜片开槽时,应如何选择槽的类型?

第四节 装 配

第一单元 装片加工

一、学习目标

能正确地将镜片装入镜圈内。

二、学习内容

(一)各类塑料镜架的热温效应

1．醋酸纤维架

(1) 软化温度为 60～75℃,整形温度 80℃。

(2) 不易燃烧。

(3) 收缩性较小。

(4) 反复加热后,其材质变脆。

2．环氧树脂镜架

(1) 软化温度为 80℃,整形温度在 100～120℃。

(2) 温度在 350℃以内,不易燃烧。

(3) 收缩性极差,经加热可恢复至原状。

(4) 急剧冷却时,材质变脆。

3．玳瑁镜架

(1) 导热性非常地迟钝。

(2) 收缩性极小。

(3) 反复加热后,材质干燥产生龟裂。

(4) 加热时,最好用蒸汽加热或先用蒸汽加热后再用热风加热。

(二)各类金属镜架的性能

金属镜架主要是由铜合金、镍合金和贵金属等制成。金属镜架的材料要求具有一定强度、柔软性、弹性、耐磨性、耐腐蚀性和重量等。并在基体材料表面进行各种加工处理,如镀钯、镀镍、镀铑、镀金以及包金等等。所以,金属镜架可按材料和制造方法分为 K 金架、包金架、镀金架、钛材架和超弹架等。金属镜架的性能可随所使用的材质的不同而有所不同。但金属镜架产品的性能要求主要有机械性能、金属表面质量、外观质量和各部位的装配精度等,均需达到眼镜架国家标准的要求。有关金属材料的性能特点请参阅基础知识部分。

(三)镜片、镜架的弯度

眼镜片的弯度是指镜片表面的弯度。眼镜片的前表面称为凸面,后表面称为凹面。球面镜片表面弯曲度是由两个不同曲率半径的圆球表面的一部分所组成。但镜片表面弯曲度不用曲率半径的大小来表示,而是用曲率半径的倒数,即换算成镜度(D')来表示。镜度越大,镜片的弯度也越大。反之,则相反。因为镜片的顶焦度与镜片的凸面和凹面镜度有关。所以,镜片的顶焦度不同,其弯度也不同。在加工制作眼镜时,通常是以镜片的凸面为基准面来进行磨边加工。

眼镜架的弯度是指镜圈的弧度。各类不同材质、款式和形状的镜架均有一定的弧度。通常,镜架的弯度是以镜片镜度 5~6D′ 为基准来进行设计加工,其目的是为了配合装配镜片、使镜圈的弧度与镜片的弯度相吻合,装片后镜架不变形,且镜片在镜圈中所受应力均匀。

(四)烘热器的原理及使用

可参看第五章整形与校配中烘热器的使用

(五)装片加工

装片加工是指将磨边后的镜片装入镜圈槽内的过程,称装片加工。材质不同的镜架其装片加工的方法也不同。金属镜架是将镜架桩头处连结镜圈锁紧管的螺丝钉打开,把镜片装入镜圈槽内,然后,再将螺丝上紧使镜片固定在镜圈槽内。塑料镜架是利用其热软冷硬的特性将镜圈加热变软,随即将镜片装入镜圈槽内,待冷却收缩后,使镜片紧固在镜圈槽内。

1. 塑料镜架的装片工序

(1)要求

① 严格控制加热温度,避免烤焦镜架。

② 镜身和镜圈不得出现焦损、翻边、扭曲现象。

③ 镜片形状、大小应与镜圈相吻合,不得出现缝隙现象。

④ 左右眼镜片和镜圈的几何形状要对称。

(2)工具

眼镜专用电热烤炉、电热吹风器或煤油灯等。

(3)操作步骤

① 装片加工前的检查

装片加工前,需要对照配镜处方对镜片度数、散光轴位、水平方向偏差、垂直互差以及镜片表面、形状、棱角、倒角状况等进行检查。同时还要对眼镜架进行检查。主要包括左右镜圈的形状、大小是否一致,以及有无变形等进行检查。

② 将电热器接通电源,打开开关,进行预热。

③ 左手持镜架,均匀地加热镜圈,但不要加热鼻梁部分。

④ 用右手手指轻轻弯曲镜圈上缘部分,当镜圈加热至能自如地前后弯曲时,将镜圈弯曲成一定的弯度。

⑤ 这时,将镜片从鼻侧放入镜圈槽内,慢慢地用力向耳侧将镜片全部装

入镜圈槽内。

⑥ 确认镜片是否全部、准确地装入镜圈槽内。

⑦ 用自来水冷却镜架,以固定镜片。

(4) 注意事项

① 使用电炉丝或煤油灯加热时,勿将镜架靠近火源,以免烧焦或燃烧。

② 如遇镜架烧焦燃烧时,立即吹熄或放入水中,不得随意乱扔。

③ 使用电热器后,应随手关掉电源开关。

2. 金属镜架的装片工序

(1) 要求

① 镜片外形尺寸大小应与镜圈内缘尺寸相一致。

② 镜片的几何形状应与镜圈的几何形状相一致,且左右眼对称。

③ 镜片装入镜圈槽内,其边缘不能有明显缝隙、松片等现象。

④ 镜圈锁紧管的间隙不得大于 0.5mm。

⑤ 镜片装入镜圈后,不得有崩边现象。

⑥ 镜架的外观不得有钳痕、镀层剥落以及明显的擦痕。

(2) 工具

螺丝刀、尖嘴钳、调整弯度钳以及各种用来调整框缘钳等。

(3) 操作步骤

① 检查左右眼镜圈的几何形状是否对称,如发现差异之处,需进行整形调校。

② 如带有眉毛的金属架,先将眉毛拆下来与镜片上缘弯度进行对照是否相吻合。当两者的弯度不符时,加热眉毛使之与镜片的弯度相一致。

③ 检查镜圈的弯度与镜片的弯度是否相吻合,如两者的弯度不符时,调校镜圈的弯度使之与镜片的弯度相一致。

④ 割边后的镜片尺寸大小应比镜圈内缘尺寸略微大一点,以便调整至恰好装入镜圈槽内。

⑤ 打开镜圈锁紧管螺丝,但无需将螺丝全部打开,少许留几扣,然后将镜片装入镜圈槽内,检查镜片与镜圈几何形状及尺寸大小是否完全吻合。如果吻合,可轻轻将螺丝拧紧。

⑥ 镜片装入镜圈后,需按照上述要求进行逐项地检查,确认是否完全符合要求。如发现明显缝隙,镜片松动等现象,应及时调校修正或重新换片加工。

(4) 注意事项

镜圈锁紧管螺丝的松紧程度一定要适当,在操作时,不能用力过大,否则,螺丝过紧是造成镜片崩边或破损的主要原因。

第二单元 应力仪的使用

一、学习目标

能用应力仪进行应力检查并能进行手工修正。

二、学习内容

(一)应力检查的要求

通过使用应力仪对配装加工后的眼镜镜片周边在镜圈中应力情况的检查,要求镜片周边在镜圈中的应力基本均匀一致。通常我们可观察到如下四种情况:

1. 应力均匀——镜片周边呈半圆形均匀的线状(如图3-4-1所示)。

2. 应力过强——镜片周边呈锐角长条的线状(如图3-4-2所示)。

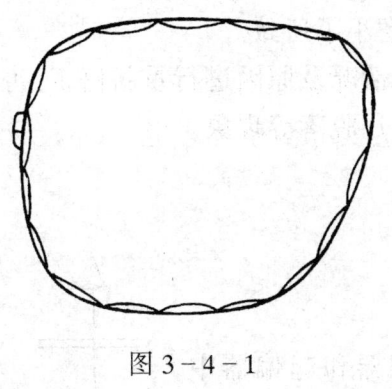
图3-4-1

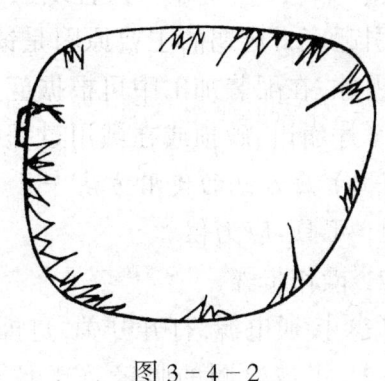
图3-4-2

3. 局部应力过强——镜片周边局部出现锐角长条的线状(如图3-4-3所示)。

4. 应力过弱——镜片周边几乎无任何线条图像(如图3-4-4所示)。

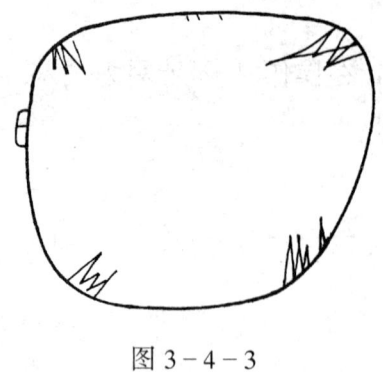
图 3-4-3

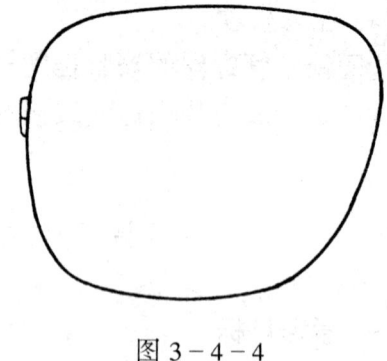
图 3-4-4

(二) 应力检查分析

通过应力仪检查可有两种情况是不符合要求的。一种是应力过强或局部应力过强的情况，另一种是应力过弱的情况。引起应力过强和局部过强的原因主要有：

① 镜片磨得太大。

② 镜片形状与镜圈几何形状不相符，包括其棱或角的形状、位置以及整体形状等。

③ 镜片弯度与镜圈弯度不相符。

④ 镜片棱角不在一条直线上。

引起应力过弱的主要原因是镜片整体磨小了所致。

因此，在配装加工中可根据应力检查的情况及原因进行重新修正，否则会造成镜片崩边、破损或在戴用过程中出现镜片脱落等现象。

(三) 应力仪的使用方法

1. 工具：应力仪。

2. 操作步骤

(1) 接通电源，打开开关，灯即亮。

(2) 将被检测的眼镜置于仪器的检偏器和起偏器中间。

(3) 检查者从检偏器的上方向下观察，可观察到镜片周边在镜圈中的应力情况（如图 3-4-5 所示）。

(4) 根据所观察到的应力情况，判断镜片周边的应力是否均匀一致或需要修正的部位。

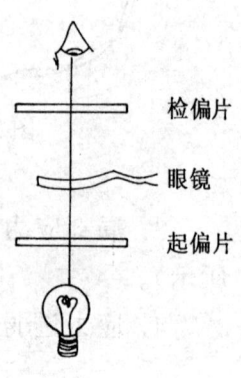
图 3-4-5

练习题

1. 醋酸纤维镜架热温效应的特点是什么?
2. 环氧树脂镜架热温效应的特点是什么?
3. 金属镜架的性能要求有哪些?
4. 眼镜架是否需要一定的弯曲度? 为什么?
5. 装片加工前的检查要求都有哪些?
6. 金属镜架装片加工的要求有哪些?
7. 塑料镜架装片加工的要求有哪些?
8. 应力仪的用途是什么? 哪些情况是不符合要求的?

第四章 检 测

第一节 光学参数检测

第一单元 用顶焦度计测量眼镜的顶焦度和轴位

一、学习目标

了解顶焦度计的工作原理,掌握顶焦度计测量眼镜镜片顶焦度和轴位的操作步骤

二、学习内容

(一)顶焦度计结构和工作原理

目前普遍使用的顶焦度计大致有三种:直视式顶焦度计、投影式顶焦度计及电脑焦度计。下面以直视式顶焦度计 JDY-1 型为例进行介绍。

1. 顶焦度计的外形见第三章第二节第二单元图 3-2-6。
2. 顶焦度计的光学系统与工作原理:图 4-1-1 为顶焦度计的光学系统图。

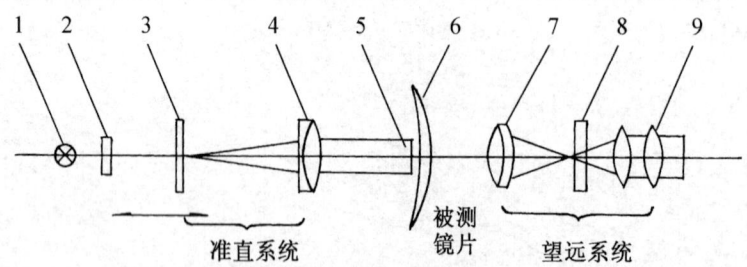

图 4-1-1 顶焦度计光学系统图
1—光源;2—滤色片;3—移动分划板;4—准直物镜;5—置片座;
6—被测镜片;7—物镜;8—固定分划板;9—目镜

顶焦度计由准直系统和望远系统组成,如图 4-1-1 所示。光源 1 通过滤色镜 2 照明准直分划板 3,准直分划板 3 可以前后移动,故又称移动分划

板。望远系统分划板8是固定的。

在未放置被测眼镜情况下,移动分划板3位于准直系统物镜4的焦平面上,此时,通过望远系统目镜9,可以看到移动分划板清晰成像在固定分划板8上。这一位置即为顶焦度计的零位。

当在准直物镜前放置被测眼镜后,通过目镜9看到移动分划板像变得模糊,转动顶焦度测量手轮,使移动分划板前后移动,直到移动分划板能清晰成像在固定分划板上为止,移动分划板的移动量,即对应被测眼镜的顶焦度。

(二)测量前的准备

1. 接通电源,灯泡亮。

2. 调整望远系统目镜视度:转动目镜视度圈,能清晰看到望远系统固定分划板为止。

3. 核对零位:转动顶焦度测量手轮,通过目镜观察到移动分划板清晰成像在固定分划板上,此时,顶焦度测量手轮的读数应为零。

如图4-1-2所示。

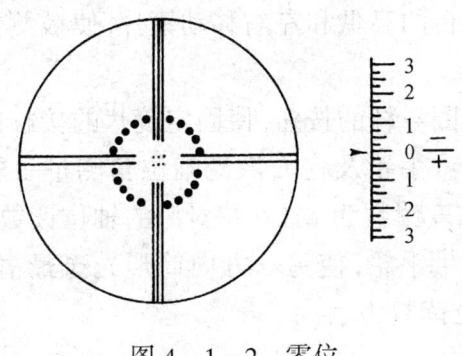

图4-1-2 零位

(三)不带球柱面镜片的眼镜顶焦度的测量步骤

1. 将被测眼镜放置在顶焦度计的镜片工作台上(先测右镜片,后测左镜片),调节工作台的高低及左右移动眼镜,使被测眼镜的右镜片(或左镜片)的光学中心与顶焦度计的光轴重合。

2. 打开固定镜片接触圈的导杆按钮,使固定镜片接触圈压紧眼镜镜片。

3. 转动顶焦度测量手轮,直至能清晰观察到移动分划板像。

4. 读取顶焦度值,即为眼镜镜片的顶焦度。

如图4-1-3所示的位置对应的镜片的顶焦度读数为-1.50D。

5. 分别记录眼镜左右镜片的顶焦度。

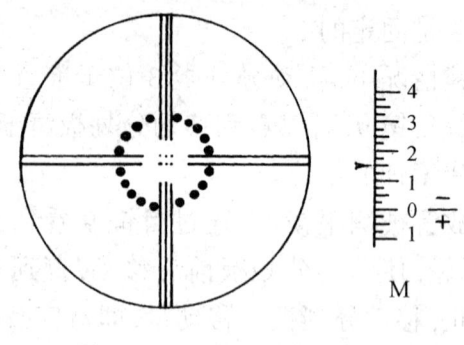

图 4-1-3　测量球面镜度

（四）带有球柱面镜片眼镜顶焦度及轴位的测量步骤

1．将被测眼镜镜片置于顶焦度计的镜片工作台上（先测右镜片，后测左镜片）。

2．转动顶焦度测量手轮，直至能清晰看到由明亮短线组成的圆筒形光斑。

3．调节镜片工作台的高低和左右移动镜片，使被测镜片的光学中心位于目镜分划板中心。

4．打开镜片压紧圈导杆的按钮，使固定镜片的接触圈压紧镜片。

5．转动顶焦度测量手轮及柱面散光轴位角测量手轮，使：某一方向筒形光斑最清晰，读出顶焦度读数为 M1。相对应的轴位读数为 A_{X1}。

6．转动顶焦度测量手轮，使另一方向筒形光斑最清晰，读出顶焦度读数为 M2。相对应的轴位读数为 A_{X2}。

7．写出结果：

M2 为球面顶焦度，(M1-M2)为柱面顶焦度，A_{X1} 为柱镜的轴位方向。

或：M1 为球面顶焦度，(M2-M1)为柱面顶焦度，A_{X2} 为柱镜的轴位方向。如图 4-1-4 所示。

（五）注意事项

1．每次测量前必须调整目镜视度，使其适应测量人员眼睛的屈光状态。

2．测量者的眼睛有散光时，必须戴上自己的校正散光的眼镜，然后再进行测量工作。

3．确认顶焦度计的零位。

4．测量时，必须将镜片光学中心位于顶焦度计的光轴上，特别当测量球柱镜片时更应注意，否则所测的轴位误差会较大。

5．测量时被测镜片的凹面必须紧靠顶焦度计的镜片位置支承圈。而当

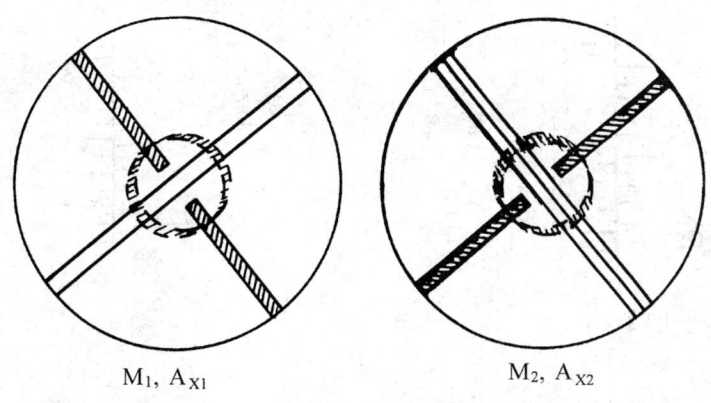

M_1, A_{X1}　　　　M_2, A_{X2}

图 4-1-4　测量球柱镜片的镜度及轴位

测量双光镜片的附加镜度时,应将子镜片的凹面紧贴镜片位置支承圈。

(六) 眼镜镜片顶焦度偏差和轴位方向偏差的计算及结果分析

1. 顶焦度偏差:

(1) 将顶焦度测量结果减去验光处方中的顶焦度,其差值即为顶焦度实际偏差。

(2) 对照国家标准 GB 10810《眼镜镜片》中表 1 所规定的镜片顶焦度允许偏差:

当实际偏差小于或等于镜片顶焦度允差,则此项指标质量合格。

若实际偏差大于标准中的允差时,则此项指标质量不合格。

2. 柱镜轴位偏差:

(1) 柱镜轴位偏差 = 柱镜轴位的实际测量值 - 验光处方中的轴位值

(2) 对照国家标准 GB 13511《配装眼镜》中表 4 所规定的轴位偏差:

实际偏差至少应小于或等于国家标准 GB 13511 表 4 中规定合格品所对应的轴位偏差。

(七) 相关知识

应用游标卡尺原理,提高读数精度,读数方法如下:

零线指标为主值,游标指示为副值,测量结果为主值和副值之和。

例 1:用 JDY-1 测量眼镜顶焦度,其顶焦度的读数如图 4-1-5 所示:

零线指示:+2.75~+3.00 之间,主值为 +2.75,

游标指示:零线上面(+)第三条线对准,副值为 3×(+0.05) = 0.15,

测量结果为 +2.75 + 0.15 = 2.90D。

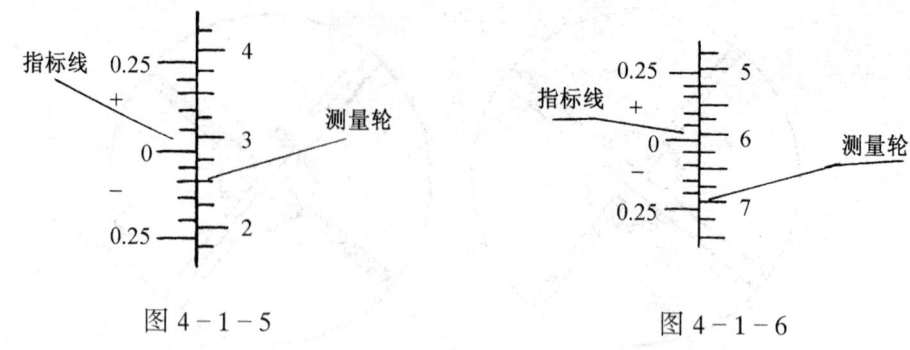

图 4-1-5　　　　　　　　　　图 4-1-6

例2：顶焦度读数如图 4-1-6 所示：零线指示：-6.00～-6.25 之间，主值为 -6.00，游标指示：零线下(-)，第一根线对准，副值为 1×(-0.05) = 0.05，测量结果为 -6.00+(-0.05) = -6.05D。

第二单元　光学中心水平距离和垂直互差的测量

一、学习目标

掌握测量眼镜光学中心水平距离和垂直互差的操作步骤。

二、学习内容

(一) 测量光学中心水平距离的操作步骤

1. 测量仪器及工具：顶焦度计、直尺或游标卡尺。

2. 测量步骤：

(1) 将顶焦度计调整到正确的工作状态。具体操作见第一单元中的测量前的准备。

(2) 将被测眼镜放置在顶焦度计上，将右眼镜片紧贴仪器的镜片位置接触圈，转动顶焦度测量手轮，使顶焦度计的移动分划板清晰成像在望远系统的固定分划板上。

(3) 上下、左右移动眼镜，使移动分划板像的图案中心与固定分划板的图案中心重合。则表示眼镜镜片的光学中心与仪器的光轴重合。

(4) 用仪器上的镜片中心打印机构在镜片表面打印标记，标记为在水平方向上的三个点，中间一点即为镜片的光学中心标记。

(5) 按上述步骤将左眼镜片的光学中心标记在镜片表面标出。

(6) 用直尺或游标卡尺量出左右镜片光学中心标记间的水平距离。如图

4-1-7。

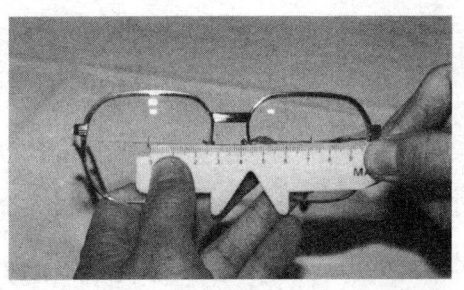

图 4-1-7　测量光学中心水平距离

3．配装眼镜光学中心水平偏差的计算及结果分析：

（1）光学中心水平偏差的计算：

光学中心水平偏差＝将实际测量的光学中心水平距离－验光处方中的瞳距

（2）配装眼镜的光学中心水平偏差至少应达到国家标准 GB13511《配装眼镜》中 5.3 节表 1 的合格品规定。

（二）配装眼镜的光学中心垂直互差的测量步骤

1．测量仪器及工具：顶焦度计、直尺或游标卡尺。

2．配装眼镜的光学中心垂直互差的测量步骤：

（1）按上述步骤用镜片中心打印机构在眼镜左右镜片上打上标记。

（2）将任一镜片（如右镜片）上的三点连成水平直线，并延长到另一镜片（如左镜片）上。

（3）用直尺或游标卡尺量出左镜片的光学中心到水平直线的垂直距离，即为眼镜的光学中心垂直互差（如图 4-1-8 所示）。

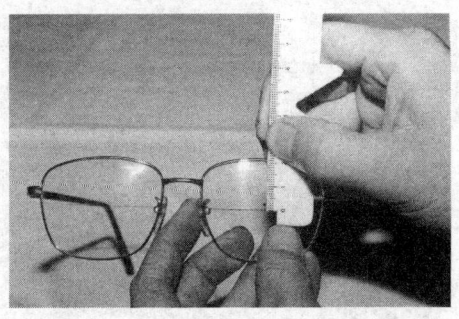

图 4-1-8　测量光学中心垂直互差

3．光学中心垂直互差的结果分析：

将实测的眼镜光学中心垂直互差与国家标准 GB 13511《配装眼镜》表 3 规定的光学中心垂直互差值进行比较

实测值应小于或等于 GB 13511 表 3 中合格品的规定。

第三单元　测量双光眼镜的子镜片顶焦度和子镜片高度互差

一、学习目标

掌握双光镜片子镜片附加顶焦度、子镜片几何中心水平距离及子镜片顶点高度互差的测量。

二、学习内容

（一）测量子镜片附加顶焦度的操作步骤

1．把被测镜片安放好，使含子镜片的表面靠在顶焦度计的镜片支撑座上，按测量镜片顶焦度的步骤测量出子镜片的近光顶焦度。

2．按镜片顶焦度测量步骤测量双光镜片的远光顶焦度。

3．子镜片的附加顶焦度等于近光顶焦度减去远光顶焦度。

（二）双光眼镜子镜片的顶焦度允许偏差

实际测得的子镜片附加顶焦度与配镜处方加光顶焦度之差，即为实际的子镜片顶焦度偏差，它应符合国家标准 GB10810《眼镜镜片》中表 3 双光镜片子镜片顶焦度的允许偏差的规定。

（三）测量子镜片几何中心水平距离

测量工具：直尺或游标卡尺。

测量方法见图 4-1-9。

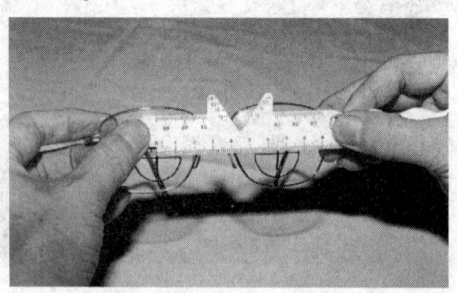

图 4-1-9　测量镜片中几何中心水平距离

(四) 子镜片顶点高度互差的测量

1. 子镜片顶点高度的定义可参看第三章第二节有关章节。测量方法见图 4-1-10。

2. 子镜片顶点高度互差可用直尺或游标卡尺,测量方法见图 4-1-11。

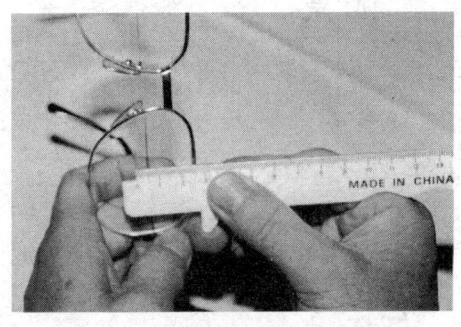
图 4-1-10　测量子镜片高度

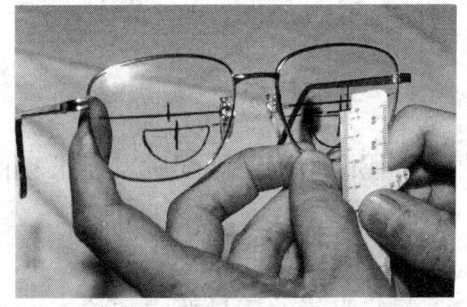
图 4-1-11　测量子镜片高度互差

国家标准 GB13511 中 5.4.2 规定:双光眼镜的子镜片顶点在垂直方向上应位于主镜片几何中心下方 2.5~5mm 处。两子镜片顶点在垂直方向上的互差不得大于 1mm。

练习题

1. 顶焦度计使用前应做哪些准备工作?
2. 球面镜片顶焦度的测量步骤是什么?
3. 平柱镜片顶焦度的测量步骤是什么?
4. 球柱镜片顶焦度的测量步骤是什么?
5. 子镜片顶焦度的测量步骤是什么?
6. 什么是光学中心水平距离和高度互差?
7. 用顶焦度计、游标卡尺等测量光学中心水平距离和高度互差的步骤?
8. 如何判定实测结果是否合格?

第二节 外观检查

第一单元 装配质量

一、学习目标

掌握配装眼镜装配质量要求和检查方法。

二、学习内容

配装眼镜的质量要求和检查方法

1. 镜片割边后,正屈光度镜片边缘厚度不小于 1.2mm。镜片割边后的边缘厚度用厚度卡尺测量。

2. 镜片嵌入镜圈内的尖边角为 110°±10°,并须倒棱,表面无明显砂轮痕迹,其表面粗糙度,等级 Ri 不大于 40μm。边缘倒角用角度尺测量,边缘表面粗糙度可用表面粗糙度样板比较。

3. 配装眼镜镜片与镜圈的几何形状应基本一致且左右对称,装配后不松动,无明显缝隙。双光眼镜两子镜片的几何形状应左右对称,直径互差不得大于 0.5mm。

镜片与镜圈的缝隙通过目视检查,双光眼镜的子镜片直径在子镜片投影的切平面上进行测量,使用带有合适的标线尺或光学投影比较仪测量。

4. 金属架的锁紧块的间隙不大于 0.5mm。用塞尺或游标卡尺测量。

5. 配装眼镜的外观应无崩边、焦损、翻边、扭曲、钳痕、镀层无脱落及明显擦痕。目视检查。

6. 配装眼镜不允许螺钉滑牙和零件缺损。目视检查。

7. 镜片在镜圈中,周边无严重不均匀应力,用应力仪检查。

第二单元 配装眼镜的外观质量和整形要求

一、学习目标

了解并掌握鉴别配装眼镜的外观质量和整形要求及检查方法。

二、学习内容

(一) 配装眼镜的外观质量

1．镜架的表面要求光洁:重点看镜腿中部和镜圈庄头部分。目测。
2．外表面允许有 $\phi 0.5mm$ 的坑 3~5 个(用 10 倍放大镜看 $Ra<0.04\mu m$)。
3．焊点光洁。目测。
4．无异突毛刺。目测。
5．左右镜圈尺寸基本一致。目测。

(二) 整形要求及检查方法

1．配装眼镜左、右两镜面应保持相对平整。目测。
2．配装眼镜的左、右托叶应对称。目测。
3．配装眼镜左、右镜腿外张角 80°~95°并对称。用量角器测量。
4．两镜腿张开平放或倒伏均保持平整,镜架不可扭曲。目测。
5．左右身腿倾斜度偏差不大于 2.5°。用量角器测量。

(三) 镜片的色泽要求及检查

1．变色眼镜的左右镜片的基色应一致。目测。
2．变色眼镜的左右两镜片的变色性能基本一致。检查方法如下:
在太阳光照下(或用专用变色镜片测试仪光照),经 5 分钟目测,两镜片的颜色应基本一致(变色镜片的有关规定可参阅国家标准 GB 9105《光致变色玻璃眼镜片毛坯》)。

(四) 镜片表面质量和内在疵病的要求及检查

1．要求:
(1) 在以基准点为中心,直径 30mm 的区域内不能存有影响视力的霍光、螺旋形等内在的缺陷。
(2) 镜片表面应光洁,透视清晰,表面不允许有橘皮和霉斑。
2．检查方法:
按国家标准 GB 10810 的 6.4 节的规定执行。

练习题

1．配装眼镜装配质量有哪些? 如何检查?
2．镜片表面质量和内在疵病包括哪些? 如何检查?
3．镜架的外观质量包括哪些? 如何检查?
4．变色镜片的质量要求包括哪些? 如何检查?

第五章　整形与校配

第一节　整　形

第一单元　整形工具

一、学习目标

掌握整形工具的使用。

二、学习内容

(一) 烘热器的使用

1. 烘热器的结构、工作原理

(1) 烘热器的结构：

烘热器有多种形式。立式烘热器的外形和结构示意图如图 5-1-1 所示。

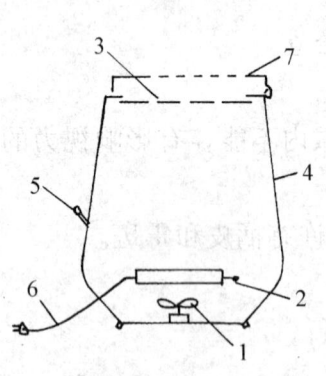 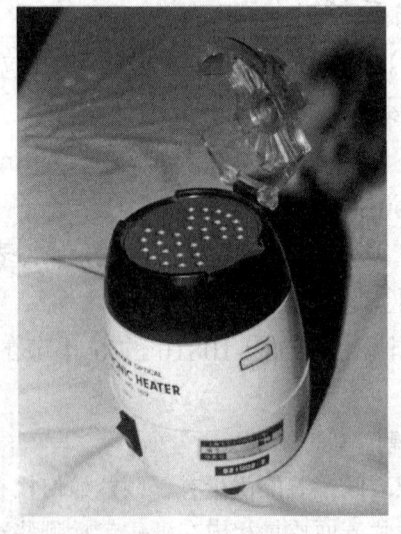

图 5-1-1　烘热器外形及结构示意图

1—电扇；2—电热元件；3—导热板；4—外壳；5—电源开关；6—电源线及插头；7—上盖

(2) 烘热器的工作原理：电热元件通电后发热，小电扇将热风吹至顶部，热风通过导热板的小孔吹出，温度在130～145℃。

2．烘热器的操作使用步骤

(1) 插上电源，接通电源开关。

(2) 预热3min左右，使吹出的气流温度达到130～145℃。

(3) 烘烤镜身，上下左右翻动受热均匀。

(4) 用手弯曲。

(5) 烘烤镜腿，上下左右翻动使其受热均匀。

(6) 用手弯曲。重复(3)～(6)。

镜架烘热如图5-1-2所示。

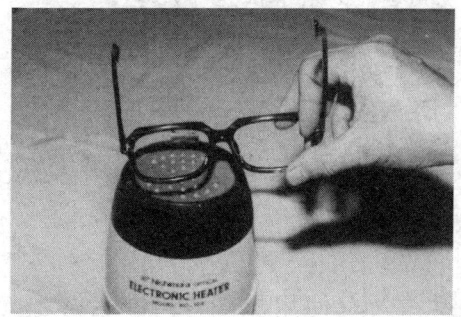 

图5-1-2 镜架烘热

3．注意事项

勿将水珠滴落在导热板上以免损坏仪器。

(二) 整形钳的使用

1．圆嘴钳：用于调整鼻托支架。圆嘴钳及其使用见图5-1-3。

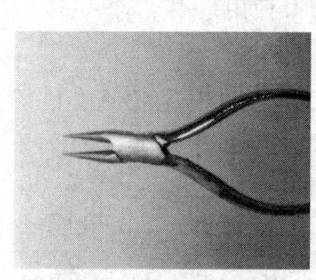 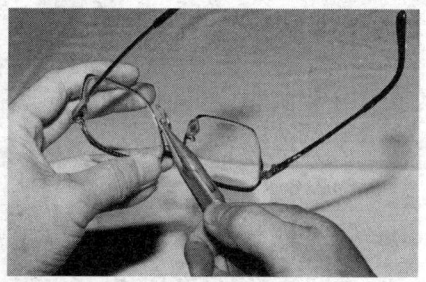

图5-1-3 圆嘴钳及使用

2．托叶钳：用于调整托叶的位置角度。托叶钳及其使用见图5-1-4。

3．镜腿钳：用于调整镜腿的角度。镜腿钳及其使用见图5-1-5。

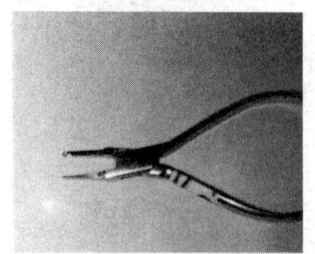 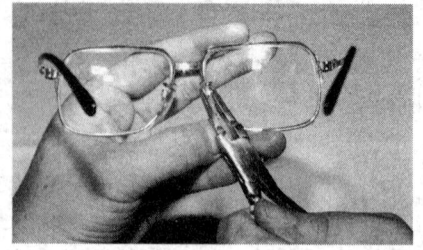

图 5-1-4 托叶钳及使用

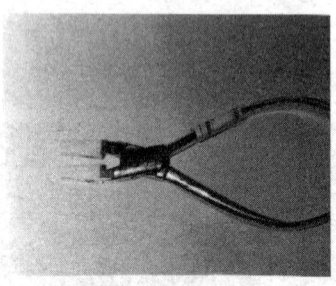 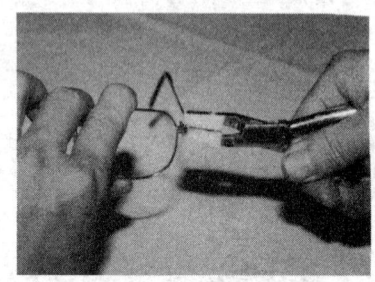

图 5-1-5 镜腿钳及使用

4．鼻梁钳：用于调整鼻梁位置。鼻梁钳及其使用见图 5-1-6。

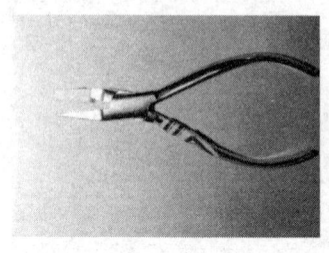 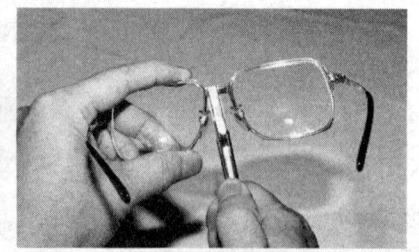

图 5-1-6 鼻梁钳及使用

5．平圆钳：用于调整镜腿张角。平圆钳及其使用见图 5-1-7。

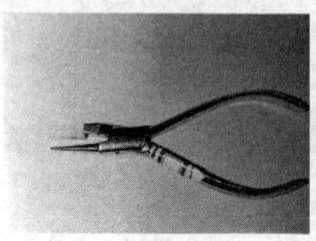 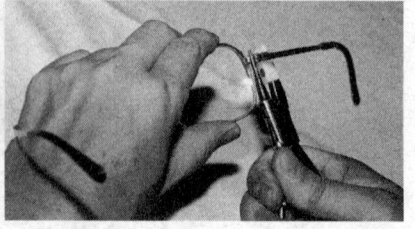

图 5-1-7 平圆钳及使用

6. 螺丝刀、拉丝专用钩:拉丝专用钩用于拉丝架卸丝。

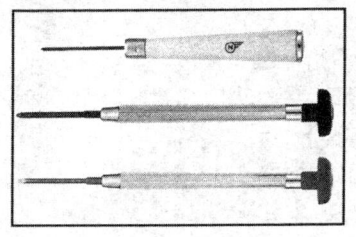
⊕字 ⊖字螺丝刀

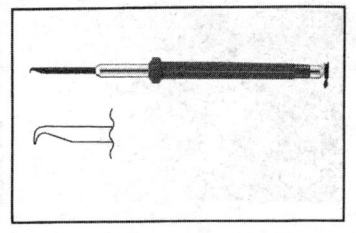
NO.1719拉丝架卸丝专用

图 5-1-8 螺丝刀、拉丝专用钩

7. 螺丝紧固钳:用于夹紧锁紧螺丝。
螺丝紧固钳及其使用见图 5-1-9。

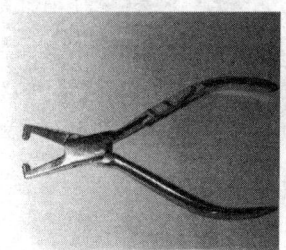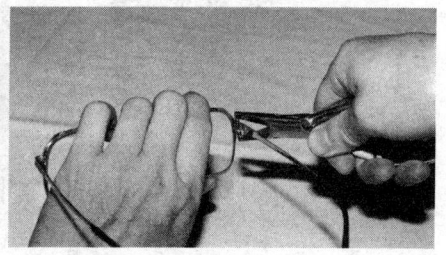

图 5-1-9 螺丝紧固钳及使用

8. 无框架螺丝装配钳:用于无框镜架装配。
无框架螺丝装配钳及其使用见图 5-1-10。

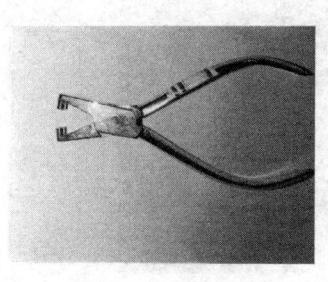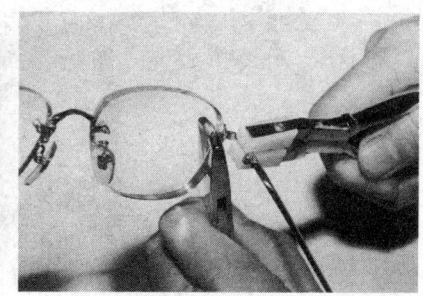

图 5-1-10 无框螺丝装配钳及使用

9. 切断钳:用于无框镜架螺丝切断。
切断钳及其使用见图 5-1-11。
10. 框缘调整钳:用于镜圈弯弧调整。
框缘调整钳及其使用见图 5-1-12。

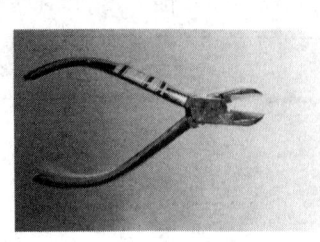 

图 5-1-11　切断钳及使用

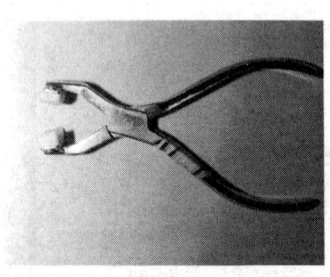 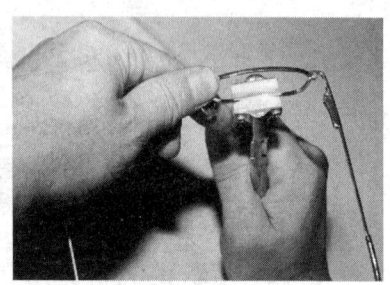

图 5-1-12　框缘钳及使用

(三) 整形钳的联合使用

用两把整形钳,调整镜架的某些角度。

两把整形钳的联合使用如图 5-1-13 所示。

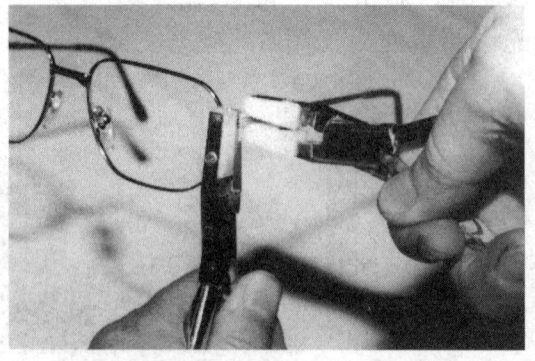

图 5-1-13　两把整形钳的联合使用

(四) 注意事项

1. 整形工具系专用工具,各有各的用途,不可滥用。

2. 整形工具使用时不得夹入金属屑、沙粒等,以免整形时在镜架上留下疵病。

3．用整形钳时,用力过大会损坏眼镜,过小不起作用,故必须多多练习,熟能生巧,同时也需了解镜架材料等。

第二单元　整　形

一、学习目标

了解整形要求,掌握整形步骤。

二、学习内容

(一) 配装眼镜的整形要求

1．配装眼镜左、右两镜面应保持相对平整。

2．配装眼镜左、右两托叶应对称。

3．配装眼镜左、右两镜腿外张角 80°～95°,并左右对称。

4．两镜腿张开平放或倒伏均保持平整,镜架不可扭曲。

5．左右身腿倾斜角偏差不大于 2.5°。

(二) 整形操作步骤

1．镜面调整

(1) 塑料架板材架用烘热器烘热后,用手调整。使左右两镜面保持相对平整。调整手法见图 5－1－14。

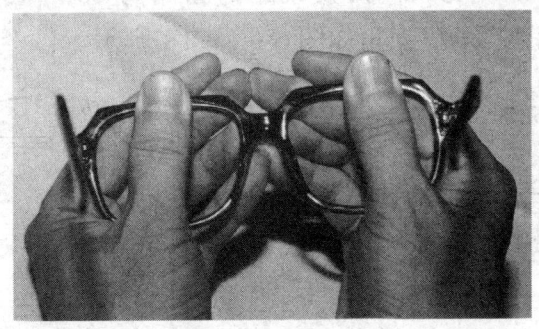

图 5－1－14　镜片弯曲整形

(2) 用平口钳及鼻梁钳调整使金属架的左右两镜面保持相对平整。

(3) 使镜面角调整在 170°～180°范围内。如图 5－1－15 所示。

2．鼻托调整

(1) 用圆嘴钳,调整鼻托支架左右鼻托支撑对称。

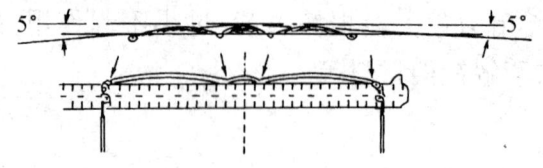

图 5-1-15 镜面角度整形

(2) 用托叶钳,调整托叶,使左右托叶对称。托叶调整见图 5-1-16。

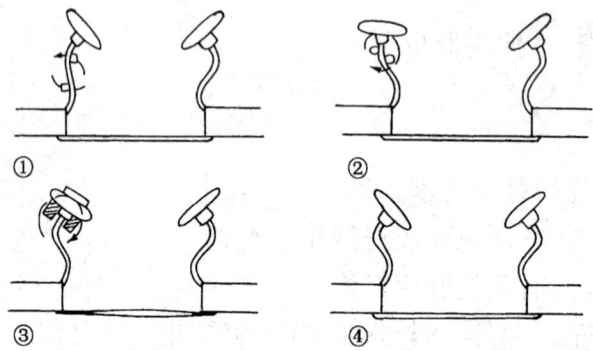

图 5-1-16 托叶整形

3. 镜身镜腿的调整

(1) 用平口钳、镜腿钳使镜身与镜腿位置左右一致,并且左右身腿倾斜角偏差小于 2.5°。镜身与镜腿的位置要求见图 5-1-17。

(2) 用镜腿钳弯曲庄头部分,使镜腿的张角为 80°~95°(用量角器测)并使左右镜腿对称。调整镜腿张角如图 5-1-18 所示。

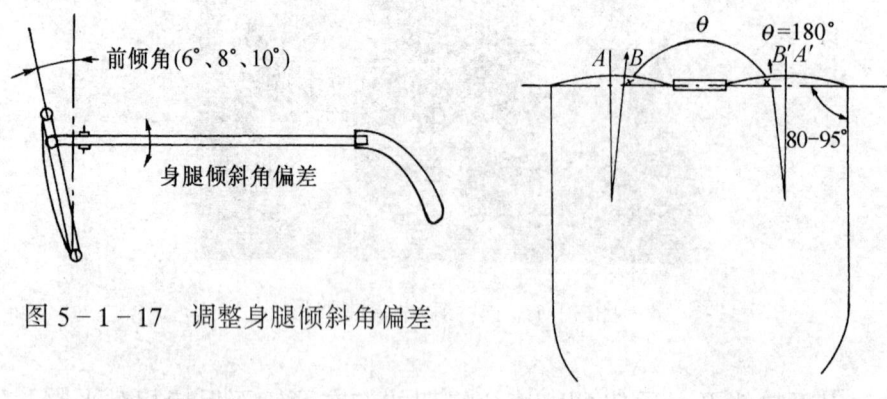

图 5-1-17 调整身腿倾斜角偏差

图 5-1-18 调整镜腿张角

(3) 弯曲镜腿,使左右镜腿的水平部分长度和弯曲部分长度基本一致,镜腿弯曲度也一致。

(4) 两镜腿张开平放于桌面上,左右镜圆下方及镜腿后端都接触桌面,可调整镜身倾斜度及镜腿弯曲来达到。

(5) 两镜腿张开倒伏于桌面上,左右镜圈上缘及镜腿上端部都与桌面接触,可调整镜身倾斜度来达到。

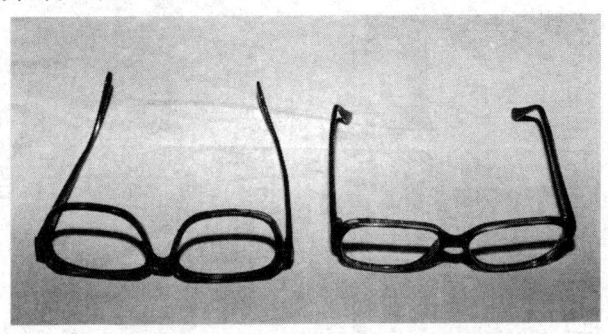

图 5-1-19　镜架平放、倒伏平稳

4．镜腿调整

(1) 左右镜腿收拢,镜腿接触镜圈下缘,左右大致一致。

(2) 调整镜腿的平直度,使镜腿收拢后放置桌面上,基本平稳,正视时,左右大致一致。可用调整镜腿的平直度或弯曲度来达到。

图 5-1-20　镜腿收拢平稳

(三) 注意事项

1．镜面扭曲时,可先拧开螺钉,取下镜片用镜框调整钳调整镜圈形状,使之左右对称,装上镜片后镜圈不再扭曲。然后调整镜面,使之平整。

2．身腿倾斜调整时,差别大时用调整钳调整,差别小时,用手弯曲。

3．镜腿张开平放和倒伏于桌面上,检查是否平整时,可用手指轻轻压相应位置的上部,如无间隙存在,镜架不动,否则镜架会跳动。

4．调整时,尽可能逐步到位,不宜校过头再校回来,以免损坏镜架。

5．整形时,工作台面应清洁,无砂粒等。

(四) 相关知识

眼镜的整形要求参阅国家标准 GB 13511《配装眼镜》。

练习题

1. 整形工具有哪些？各有什么用处？
2. 配装眼镜的整形要求有几项？镜面、鼻托、镜身镜腿、镜腿如何调整？
3. 整形中应注意哪些事项？

第二节 校 配

第一单元 校配的项目

一、学习目标

通过本单元的学习，使配镜员了解舒适眼镜的要求、校配的意义及相关的名称、术语；能对配镜者的佩戴效果进行分析，确定校配的项目。

二、学习内容

（一）概述

眼镜校配的主要目的是把合格眼镜调整为舒适眼镜。

合格眼镜——严格按配镜加工单各项技术参数及要求加工制作（或成镜），通过国家配装眼镜标准检测的眼镜。

舒适眼镜——配镜者佩戴后，视物清晰，感觉舒服，外形美观的眼镜。

校配：将合格眼镜根据配镜者的头型，脸型特征及佩戴后的视觉和心理反应等因素，加以适当的调整，使之达到舒适眼镜要求的操作过程称为眼镜的校配。

（二）舒适眼镜的要求

1. 视物清晰：

(1) 眼镜的屈光度、棱镜度正确。

(2) 镜眼距为12mm。

(3) 正确的倾斜角约为8°~15°。

2. 佩戴舒服

(1) 无视觉疲劳

① 配镜者视线与光学中心重合。

② 正确的散光轴位、棱镜基底方位。

③ 像差少的镜片形式。

(2) 无压痛感

① 镜脚长度、弯曲度与耳朵相配。

② 鼻托的间距、角度与鼻梁骨相配。

③ 镜架的外张角、镜脚的弯曲与头型相配。

④ 耳、鼻、颞部无压痛。

3．外形美观

(1) 镜架规格大小与脸宽相配。

(2) 镜架色泽与肤色相配。

(3) 镜架形状与脸型相配。

(4) 镜片与镜架吻合一致，左右镜片色泽、膜色一致。

(5) 眼镜在脸部位置合适，左右对称性好。

(6) 用校配弥补佩戴者脸部缺陷。

(三) 校配与舒适眼镜的关系

眼镜的制作按国家配装眼镜标准进行，装配后虽有整形，但不涉及具体的配镜者。而我们要使配镜者达到满意的佩戴效果，就必须根据每一位配镜者头部、脸部的实际情况进行调整。

(四) 校配有关名词，术语简介

为了便于校配的具体操作，先对有关名词术语简介如下。

1．外张角——镜腿张开至极限位置时与两铰链轴线连接线之间的夹角。一般约为 $90°\sim 95°$。

2．颞距——两镜腿内侧距镜片背面 25mm 处的距离。

3．倾斜角——镜片平面与垂线的夹角，也称前倾角，一般为 $8°\sim 15°$。

4．身腿倾斜角——镜腿与镜片平面的法线的夹角，也称接头角。

倾斜角与接头角数值上相同，但概念完全不同。倾斜角是视线与光学中心重合的保证，一般不变动，且左右镜片倾斜角一致。而身腿倾斜角为保证倾斜角的恒定，在耳位过高、过低，左右耳位高度不等时可按需加以调整，且左右身腿倾斜角可以不相等。

5．镜眼距——镜片的后顶点与角膜前顶点间的距离。

$$d=12mm。$$

6．镜面角——左右镜片平面所夹的角。一般为 $170°\sim 180°$。

7．弯点长——镜腿铰链中心到耳上点(耳朵与头连接的最高点)的距离。

垂长——耳上点至镜腿尾端的距离。

垂俯角——垂长部分的镜腿与镜腿延长线之间的夹角。

垂内角——垂长部镜腿内侧直线与垂直于镜圈的平面所成的夹角。

8．鼻托的前角、斜角、顶角

前角——正视时，鼻托长轴与垂线的夹角，一般为 20°～35°。

斜角(水平角)——俯视时，鼻托平面与镜圈平面法线的夹角。一般为 25°～35°。

顶角——侧视时，鼻托长轴与镜圈背平面的夹角，一般为 10°～15°。

以上名词术语相应的示意图见 5－2－1。

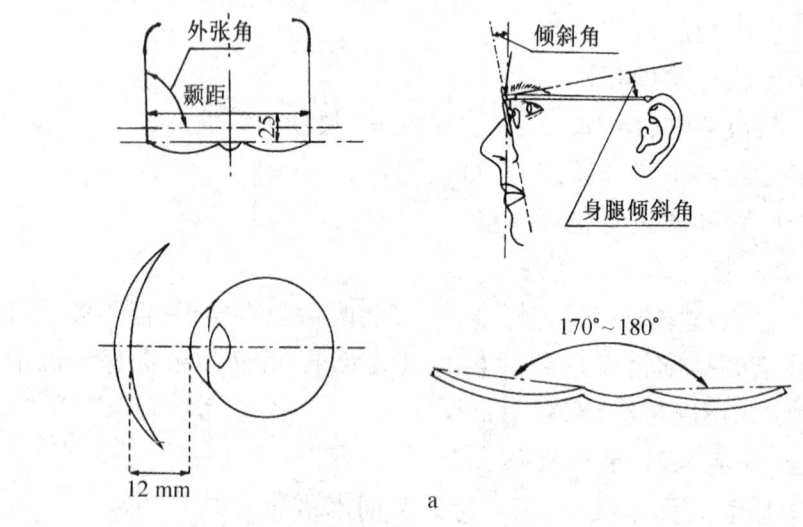

a

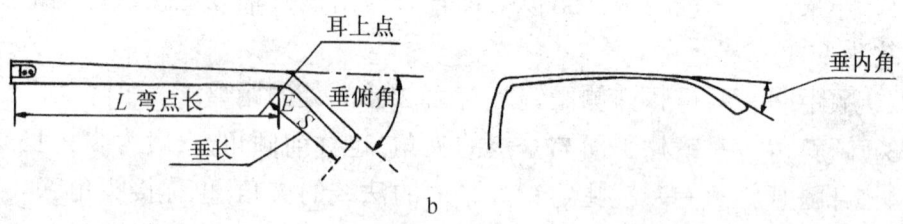

b

图 5－2－1

(五) 校配的项目

配镜员观察和听取配镜者戴上眼镜后出现的各种问题进行分析归纳。

主要项目有：

1．眼镜在脸上的位置

(1) 检查方法：根据眼镜光学与生理光学和眼镜美学的要求，眼镜在脸上的高度，一般以眼睛下眼睑与镜架的水平基准线相切为好。如图 5－2－2 所示。

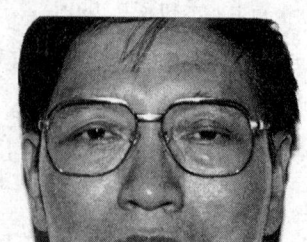

图 5－2－2　眼镜的合适位置

168

(2) 眼镜位置过高、过低的原因分析：

主要原因是：鼻托中心高度、鼻托距、镜腿弯点长不合适。

例如：鼻托中心高度过高；鼻托间距过大；镜腿弯点长过长等会使眼镜下滑，产生眼镜位置过低现象。如图 5-2-3 所示。

鼻托间距过小；鼻托中心高度过低等会使眼镜上抬，产生眼镜位置过高现象。如图 5-2-4 所示。

图 5-2-3 眼镜位置过低

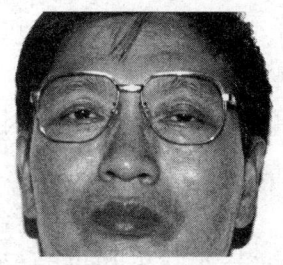

图 5-2-4 眼镜位置过高

2．镜框水平度倾斜：如图 5-2-5 所示。

(1) 检查方法：

以镜架的左右眉框与眼睛或眉毛的距离是否一致来判断。

(2) 镜框水平度倾斜的原因分析：

主要原因：① 左右身腿倾斜角大小不一致。② 左右镜腿弯点长不一致（弯点长较短的一边要上抬）。③ 左右耳朵的位置有高低。

3．眼镜框向一边偏移：如图 5-2-6 所示。

图 5-2-5 镜框水平度倾斜

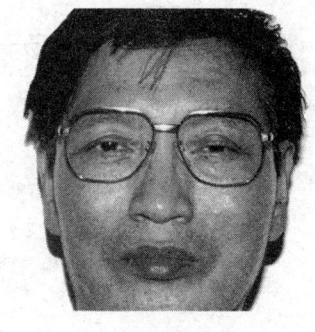

图 5-2-6 镜框向一边偏移

(1) 检查方法：

一般根据左右鼻侧镜框边与鼻梁中心线的距离是否一致来判断。

(2) 偏移的原因分析：

主要原因：① 左右外张角大小不一致。
② 鼻托位置发生偏移。
③ 左右镜脚弯点不一致。

4．颞距过大、过小：如图5-2-7所示。

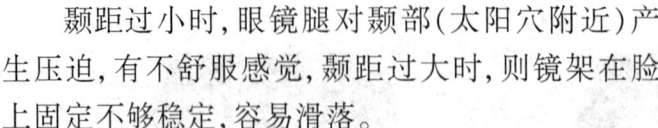
颞距过小　　颞距过大

图5-2-7　颞距检查

（1）检查方法：

颞距过小时,眼镜腿对颞部(太阳穴附近)产生压迫,有不舒服感觉,颞距过大时,则镜架在脸上固定不够稳定,容易滑落。

（2）颞距过大、过小的原因分析：

主要原因：① 外张角过大、过小。
② 镜脚弯度不合适。

5．眼镜片与睫毛相接触：如图5-2-8所示。

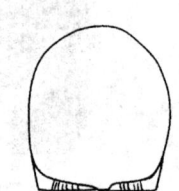

图5-2-8　镜片与睫毛位置

（1）检查方法：戴镜者镜片与睫毛相接触,会引起不舒服感,还会油污镜片,所以当镜片内表面睫毛位置处有油污,则表明镜片与睫毛有接触。

（2）眼镜片与睫毛接触原因的分析

主要原因：① 鼻托高度过小,使镜眼距过小。

② 镜脚弯点长过小。

③ 镜架水平弯曲度(镜面弯曲)不合适。

④ 睫毛过长。

6．镜腿尾部与耳朵、头部的相配：如图5-2-9所示。

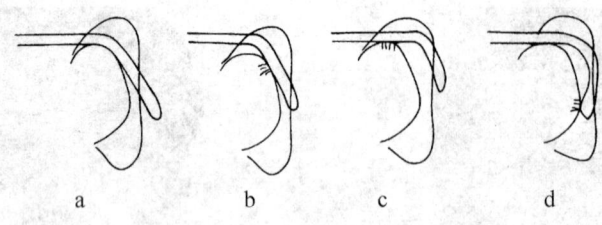

a　　b　　c　　d

图5-2-9　镜腿尾部的侧面检查

（1）检查方法之一：

翻下上耳廓,观察镜腿的弯点与耳上点的位置是否重合。

（2）不同位置结果分析(图5-2-9)：

图a：弯点与耳上点的位置重合。为正确的配合。

图b：弯点长过短,使耳朵后侧产生压痛。

图 c:弯点长过长则眼镜易滑落。

图 d:镜腿垂长部分的曲线应与耳朵后侧的轮廓曲线相适宜,使镜架垂长压力沿耳朵均匀分布,若两者曲线不相适宜,则产生了局部压迫。

(3) 检查方法之二:见图 5-2-10。

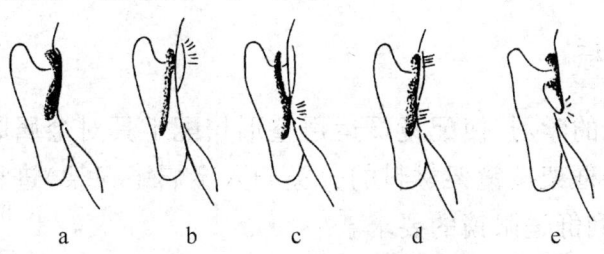

图 5-2-10 镜腿尾部的后面检查

从头部后方观察,镜脚的尾部与头部内陷的乳突骨的接触是否相适宜。

(4) 配合情况分析(图 5-2-9):

图 a:镜腿尾部与耳朵后侧、头部乳突骨相配良好,无压痛。

图 b:镜腿垂俯角太小,镜腿仅与耳上点接触产生局部压痛,且眼镜易滑落。

图 c:镜腿垂俯角太大,镜腿过度压迫耳朵后侧,产生局部压痛。

图 d:镜脚垂长部分曲线与耳朵曲线不适宜,产生的耳上点与耳朵后侧局部压痛。

图 e:镜腿垂内角过大,使镜脚尾端压迫头部产生局部压痛。

7. 鼻托的角度、对称性、高度等因素引起的鼻部局部接触产生的压痛:

(1) 检查方法:鼻托叶面必须与鼻梁骨全部接触。

(2) 鼻梁压痛的原因分析:见图 5-2-11。

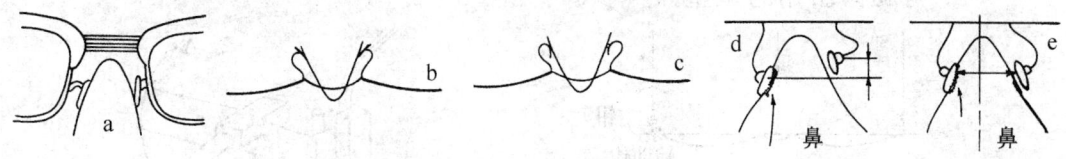

图 5-2-11 鼻托的检查

主要原因:① 鼻托的角度与鼻梁骨角度不符。前角与鼻梁骨的前角不符。如图 5-2-11 中图 a。鼻托的斜角过大,使托叶面与鼻梁局部接触。如图 5-2-11 中的图 b。鼻托斜角过小、托叶面与鼻梁局部接触。如图 5-2-11 中的图 c。② 左右鼻托的高度不同。如图 5-2-11 中的图 d。③ 左右鼻托对称差。如图 5-2-11 中的图 e。

第二单元　校配的方法

一、学习目标

通过本单元的学习,使配镜员运用整形校配工具对金属眼镜架和塑料眼镜架(无框架、半框架按镜架材料的分类归入金属眼镜架)进行因人而宜的校配操作,使之达到舒适眼镜的要求。

二、学习内容

(一) 校配金属眼镜架

金属眼镜架指眼镜的主要零部件用金属材料制作,当前市场上流行的无框架、半框架的主要零件也都是金属材料。校配的操作也与金属架基本相同,所以都归入金属眼镜架。

金属眼镜架校配的重点是鼻托和身腿倾斜角、外张角的钳整;镜腿弯点长度和垂长弯曲形状的加热调整。

金属眼镜架校配的难点是鼻托与鼻梁的相配,镜腿垂长部与耳朵、头部乳突骨的相配等,因此需要大量的实践,熟能生巧,才能精益求精,使顾客满意。

1. 外张角的调整操作步骤:

(1) 一手握圆嘴钳,钳在桩头处,作辅助钳,固定不动,保护桩头焊接处牢固。

(2) 另一手握圆嘴钳,作主钳,钳在如图 5-2-12 所示的位置,向外扭腕增大外张角,向里扭腕减小外张角。

2. 身腿倾斜角的调整操作步骤:见图 5-2-13。

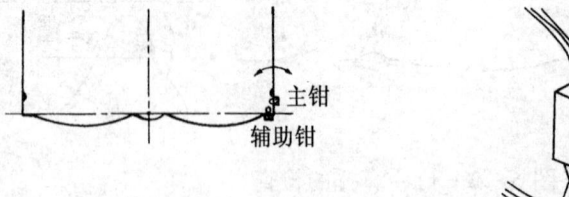
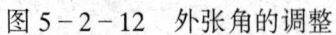
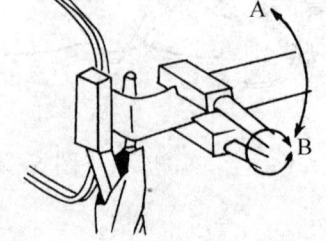

图 5-2-12　外张角的调整　　图 5-2-13　身腿倾斜角的调整

(1) 一手握整形钳,钳在桩头处作辅助钳,固定不动,保护桩头焊接处牢度。

(2) 另一手握整形钳,钳在镜腿铰链前(尽量靠向辅助钳保证弯曲时铰链不受力)作主钳,向上扭腕,减小身腿倾斜角,向下扭腕,增大身腿倾斜角。

3. 鼻托间距的调整操作步骤:见图 5-2-14。

(1) 一手持镜架,拇指与食指分别捏住镜圈的上下方。

(2) 另一手持整形钳,钳住托叶梗下部向鼻侧扭腕,缩小间距,向颞侧扭腕,扩大间距。

(3) 在鼻托间距调整好后,用整形钳钳住托叶梗上部近托叶面处,按需扭腕,保证托叶面与鼻梁骨的合适角度。

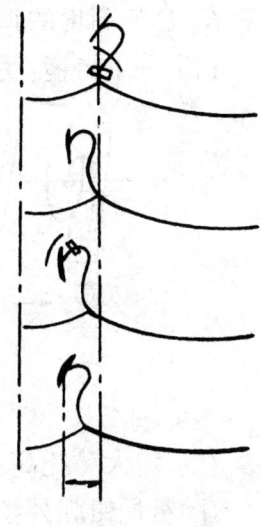

图 5-2-14 鼻托间距的调整

4. 鼻托中心高度的调整步骤(图 5-2-15):

(1) 一手持镜架,另一手握整形钳夹住托叶。

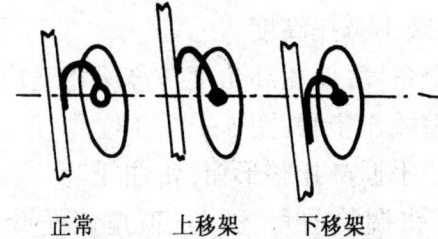

正常　　上移架　　下移架

图 5-2-15 鼻托中心高度的调整

(2) 鼻托钳往下拉,鼻托中心高度下移,镜架朝上移动。

(3) 鼻托钳住上送,鼻托中心高度上移,镜架朝下移动。

5. 左右鼻托位置不对称的调整操作步骤(图 5-2-16):

(1) 一手持镜架,另一手握整形钳,钳住要调整的托叶梗下部。

(2) 向正确鼻托位置方向扭腕。

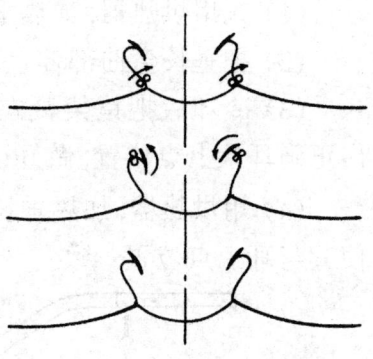

图 5-2-16 鼻托左右位置不对称的调整

(3) 再用整形钳,钳住托叶梗上部,将托叶角度弯曲到与鼻梁骨相配的所需角度。

(4) 一个托叶完成后,再换另一个,动作如前。

173

6. 鼻托高度的调整操作(图 5-2-17):

(1) 一手持镜,另一手握鼻托整形钳,钳住托叶。

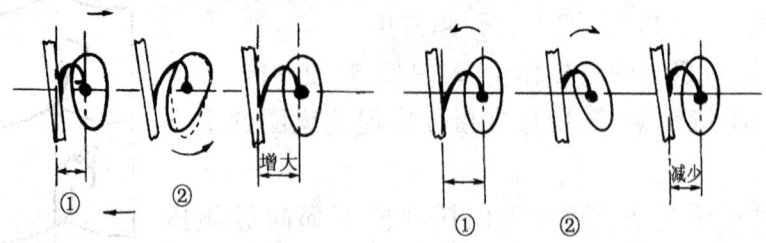

图 5-2-17 鼻托高度的调整

(2) 增大鼻托高度的操作步骤:
① 鼻托钳朝外拉,增大鼻托高度。
② 鼻托钳转动一个角度,使托叶角度与鼻梁骨相适应。
(3) 减小鼻托高度的操作步骤:
① 鼻托钳朝里推,减小鼻托高度。
② 鼻托钳转动一个角度,使托叶角度与鼻梁相适应。

7. 鼻托角度的调整操作步骤(图 5-2-18):

(1) 一手持镜,另一手握鼻托整形钳,钳住托叶。
(2) 按需转动鼻托钳调整前角、斜角、顶角使托叶面与鼻梁骨相适应。

8. 镜腿弯点长的调整操作步骤(图 5-2-19):

(1) 先用烘热器,加热垂长处脚套防止弯裂。
(2) 把垂长弯曲部伸直。
(3) 冷却后把镜架戴在顾客脸上,保证镜眼距,找出正确耳朵上点位置,做好记号。
(4) 用烘热器,加热垂长部,以大拇指为弯曲支承,弯曲镜脚弯点,记号处使其与耳上点位置一致。

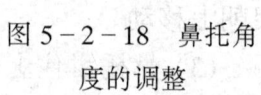

图 5-2-18 鼻托角度的调整

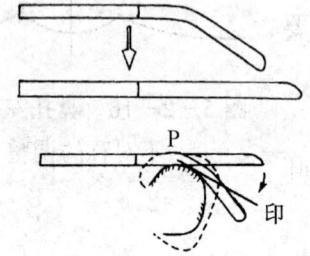

图 5-2-19 镜腿弯点长的调整

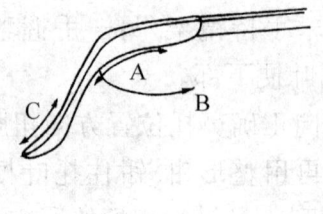

图 5-2-20 镜腿尾部的复合弯曲

9．镜腿尾部的复合弯曲的操作(图5－2－20)：

(1) 镜腿尾部(垂长部)的弯曲有三种：

A弯曲：保证垂长的前部与耳壳廓形状一致。

B弯曲：使垂长的中部与头部乳突骨凹陷形状一致。

C弯曲：使垂长的末端向外弯曲不压迫头部。

(2) 操作步骤：

① 先用烘热器加热垂长部，防止塑料脚套弯裂。

② 一手持镜架，A、B、C弯曲，以另一手大拇指为弯曲支承，食指和中指施力滑动，保证弯曲效果。

10．注意事项：

(1) 操作时，焊接点处，最好用辅助钳保护，以防焊点断裂。

(2) 握钳用力不能过大，以免在镜架外表面上留下压痕，影响美观。

(3) 只要钳口能插入，应尽量用装有塑料保护块的整形钳。

(4) 身腿倾斜角、外张角调整时，铰链不能受力。

(5) 脚套加热不能过头，防止塑料熔融变形。

(6) 禁止脚套不加热弯曲，防止脚套皲裂。

(7) 各种金属材料的回弹性能相差较大，需要操作者认真体会，掌握规律。

(二) 校配塑料眼镜架

塑料眼镜架校配重点是，外张角、身腿倾斜角、弯点长、垂长弯曲形状的加热调整。

1．外张角调整操作步骤：

(1) 锉削增大外张角

当外张角过小或戴镜者头大，颞距不对时，用锉刀锉削镜脚的接头处，到符合要求的外张角为止。

(2) 用加热方法，增大或减小外张角(图5－2－21)

① 用烘热器对镜架桩头加热，使其软化。

② 增大外张角：一手持架，另一手握镜腿，慢慢向外扳开所需角度。

③ 减少外张角：一手持架，另一手的食指、中指抵在内表面眉框处作支承，大拇指在镜架外表面桩头处向里推至所需角度为止。

2．身腿倾斜角的调整操作步骤(图5－2－22)：

(1) 用烘热器加热软化塑料架桩头。

(2) 一手持架，另一手捏住镜脚，向所需方向扳扭至合适角度为止。

175

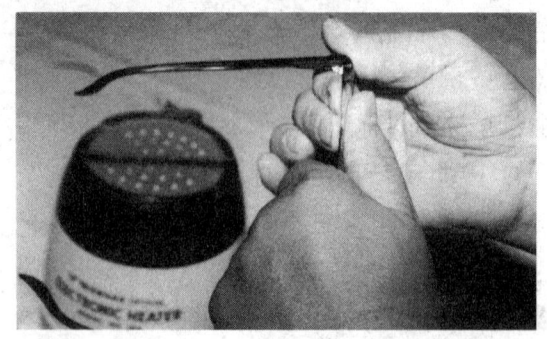

图 5-2-21　塑料眼镜架外张角的调整

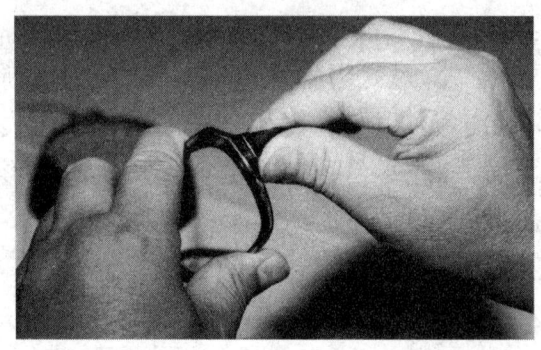

图 5-2-22　塑料架身腿倾斜角的调整

3．弯点长，垂长弯曲形状的调整操作与金属架同类的操作完全相同。

(三) 注意事项

1．塑料架的校配，尽量不用整形钳，以免留下印痕。

2．加热前应充分了解被加工镜架材料的加热特性，以免失误造成毁架，影响声誉。

3．塑料架若装有活动鼻托，则与金属架鼻托调整方法相同。

4．加热操作时，注意安全，不过热，保护手指皮肤不被烫伤。

练习题

1．何谓合格眼镜？舒适眼镜？它们的区别是什么？

2．眼镜在脸上位置合适的标准是什么？

3．眼镜位置过高、过低的原因是什么？

4．镜框水平倾斜的原因有哪些？

5．眼镜向一边偏移的原因是什么？

6．在操作中，应从哪些方面考虑，保证合适的镜眼距？

7. 怎样检查镜腿尾部与耳朵、头部的相配程度。
8. 鼻梁产生压痛的原因有哪些?
9. 鼻托高度的调整怎样操作?
10. 镜腿尾部调整时,必须加热的原因是什么?
11. 塑料镜架进行调整前,必须特别考虑哪些问题? 为什么?

第六章 仪器设备维护

第一节 维护保养

第一单元 仪器设备的精确度检查

一、学习目标

了解配镜所用仪器设备的精确度的检查方法。

二、学习内容

(一)顶焦度计:(以 JDY-1 为例)

1．技术性能

(1)顶焦度测量范围:$0 \sim \pm 20D$,最小测量格值 $0.25D$ 在 $\pm D$ 范围内,最小测量格值 $0.125D$。

(2)棱镜度测量范围:$\pm 5^\triangle$,分划格值为 $1^\triangle$。

(3)柱镜轴位:$0° \sim 180°$,分划格值为 $2.5°$。

(4)被测镜片尺寸范围:$15 \sim 82mm$。

2．精度检查方法和步骤

(1)检查方法:定期用标准镜片校正仪器的技术指标。

(2)检查步骤:

① 调目镜视度:

观察望远镜的固定分划板应位于目镜的焦面附近。为了在目镜视场中看到清晰的固定分划板图像,可按测量者的需要转动目镜视度圈,从望远镜目镜中能看到清晰的固定分划板的十字线图像为止。

② 调顶焦度零位:

目镜中观察到的移动分划板图像调至清晰时,即为顶焦度零位,此时顶焦度测量手轮的零刻线应与指标线对正。

③ 用标准镜片校正仪器的技术指标:

将标准镜片置于镜片台上进行测量。测量方法与用顶焦度计检测眼镜镜度和轴位介绍的方法相同。

④ 测得数据与标准镜片有偏差,低于出厂技术指标,该仪器精度降低一般送工厂修理。

⑤ 如果顶焦度测量手轮零位有偏移时,可自行拧松固定指标的螺钉,将指标对正零位,再拧紧螺钉。

⑥ 如果目标分划中心和目镜分划中心有偏移时,可拧松三个目标分划中心调节螺丝钉进行调整。

3．注意事项

顶焦度计已纳入《中华人民共和国强制检定的工作计量器具目录》,配镜员应提请领导定期将仪器送到当地计量行政部门指定的计量检定机构,对仪器进行周期检定,该仪器的检定周期为一年。

(二) 定中心仪(以 LL-5 为例)

1．技术性能

(1) 电源:AC　　220V,　　50Hz

(2) 照明功率:24V,　　8W。

(3) 光学中心水平偏移量:-10mm　　+10mm

(4) 光学中心垂直偏移量:-10mm　　+10mm

(5) 适用镜片外形尺寸:<φ75mm。

2．精度检查步骤:结构图可见第三章第二节图 3-2-21。

(1) 打开电源开关 13,照明灯 8 亮。在视窗 2 上即可清楚看到刻度面板 11 和一条红色的中线两条黑色对称倾斜的包角线。

(2) 转动中线调节螺丝 3,红色中线和黑色包角线整体左右移动。

(3) 转动包角线调节螺丝 12,两条黑色包角线对称转动,改变包角位置和大小。

(4) 压杆 6 能带动吸盘座 9 左右转动和上下移动,以方便吸盘装入吸盘座和将吸盘正确安装到镜片上。

3．注意事项

(1) 使用定中心仪应按配镜处方的要求来确定镜片上光学中心水平偏移量,垂直偏移量和柱镜轴位等。

(2) 在定中心仪上使用的镜片应经顶焦度计确定其光学中心和柱镜轴位等才能完全达到眼镜的配装要求。

(3) 在定中心仪上使用的标准模板应是合格的标准模板,即:

① 模板几何中心与配装镜架的镜圈几何中心一致。

② 模板外形与配装镜架的镜圈相似,大小相当。

③ 模板上二只定位销孔与定中心仪刻度面板上二只定位销配合松紧良好。

(三) 模板机(以 LP-5 为例)

1. 技术性能:

(1) 加工模板直径:$\phi 30mm\sim\phi 72mm$

(2) 加工模板厚度:$1.2\sim 1.6mm$。

(3) 切割头工作频率:3400 次/min。

(4) 切割头工作行程:3.4mm。

(5) 额定工作电压:AC 220V,50Hz。

(6) 额定功率:65W。

2. 精度检查步骤

(1) 在工作桌上放平稳,检查保险丝和接地线是否可靠,然后接通电源。

(2) 用左手扶住定位面板,右手顺时针缓慢扳动工作开关,工作头首先运动,回转机构接着开始运动。检查动作是否正常,然后关闭工作开关。

(3) 一副眼镜架,将定位针头部导入镜圈内凹槽,左手轻扶定位面板,右手慢慢打开工作开关,检查定位针是否正确地指引在镜圈内凹槽中回转。

(4) 缓慢操纵机器的工作开关,模板机开始工作,当模板回转一圈多时,制模结束,关闭工作开关,得到一块与眼镜镜圈形状相似,大小相当的模板,检查该模板是否合格。

(5) 检验模板尺寸大小

从转动套上取下模板,修去边沿上毛边。将此模板(一般情况下均为合格的标准模板)与被仿形的镜架右镜圈比较。如模板偏大或偏小,可松开尺寸锁紧螺丝,调节模板尺寸,调节旋钮至要求。模板尺寸调节旋钮上刻度每 1 小格表示 0.2mm,一圈共 10 格。调整完毕拧紧锁紧螺丝。对偏大模板再按原方位装模板于转动套上,开机作一次修整,即得到合格的标准模板。

3. 注意事项

(1) 工作头中的切割头是作上下往复的高速冲切运动,因此打开工作开关一定要缓慢操纵机器工作开关,避免高速冲击撞坏刀片并影响机器精度。

(2) 操作时切记左手轻扶定位面板,右手慢慢打开工作开关,使定位针正确地指引在镜圈内凹槽中进行切割制模。以免定位针跳出镜圈凹槽影响模板精确度,甚至模板报废。

(四)半自动仿形磨边机(以 ALE-100DX 为例)

1. 技术性能：

(1) 电源交流 110V、120V、220~240V，50/60Hz；

(2) 消耗功率 600W；

(3) 初始电流 25A；

(4) 旋转频率 3600 转/min；

(5) 砂轮尺寸；

① 粗制的金属接合直径 100mm×宽 16.5mm×金刚石钻石层×2.0mm

② 粗制的电解钻石型直径 100mm×宽 15mm

③ V-中心/平面，直径 100mm×宽 22mm×金刚石钻石层×1.5mm

(6) 加工范围 从 24~100mm。

2. 精度检查步骤

(1) 存储尺寸修正步骤：

变更存储的尺寸见图 6-1-1。

加工塑料架、金属架、平边镜片时，可根据需要修正尺寸。修正尺寸的顺序：

① 关上电源开关；

② 按住(+)或(-)键时，同时打开电源开关(注：先打开电源开关不能修正尺寸)。

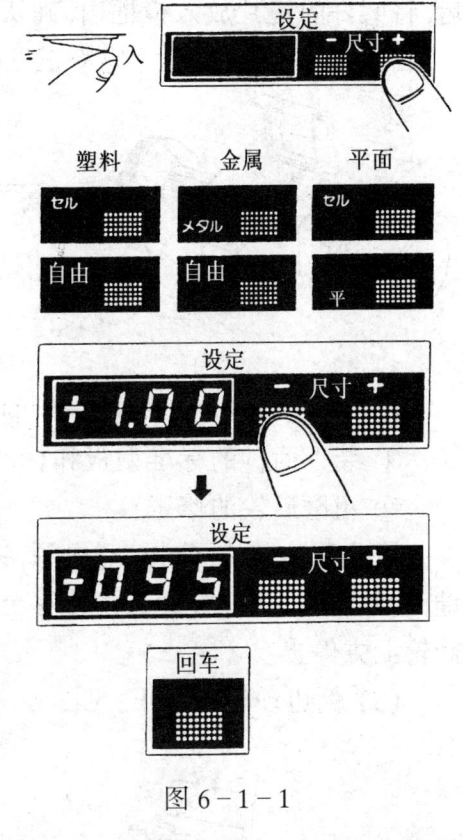

图 6-1-1

③ 塑料架、金属架、平边镜片的转换

转换到需要的键上。转换时，镜架选择和加工方法选择键如图 6-1-1。

④ 修正存储尺寸按(+)或(-)键，达到所要求的尺寸(如图为把塑料架，+1.00 修正到+0.95)。

最小设定单位：0.05mm

最大设定单位：±6.00mm

⑤ 存储变更后的尺寸

按下回车键，存储变更后的尺寸。

⑥ 关上电源开关

如不关上电源，无法加工。在不关电源时，可多次变更尺寸。

⑦ 确认设定尺寸

按第三章第三节第二单元所介绍的半自动磨边机的使用方法,进行加工后,将磨好的镜片放入镜框内,确认镜片大小是否合适。

(2) 砂轮磨损后尺寸的修正见图6-1-2。

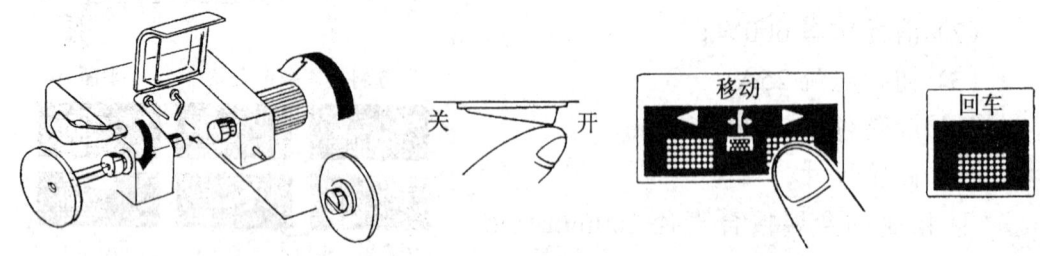

图 6-1-2

该机可自动修正砂轮磨损后的尺寸,砂轮磨损修正顺序如下:

① 装上附件的标准型板和标准片,关上电源。

② 粗磨砂轮的修正:

按住移动键的同时打开电源,镜片台移到粗磨砂轮的上方停住,按下回车键,镜片台往下移动,标准镜片移至砂轮表面,并测出磨损程度,然后上升移到砂轮上方停止。

(3) 倒边砂轮的修正:见图6-1-3。

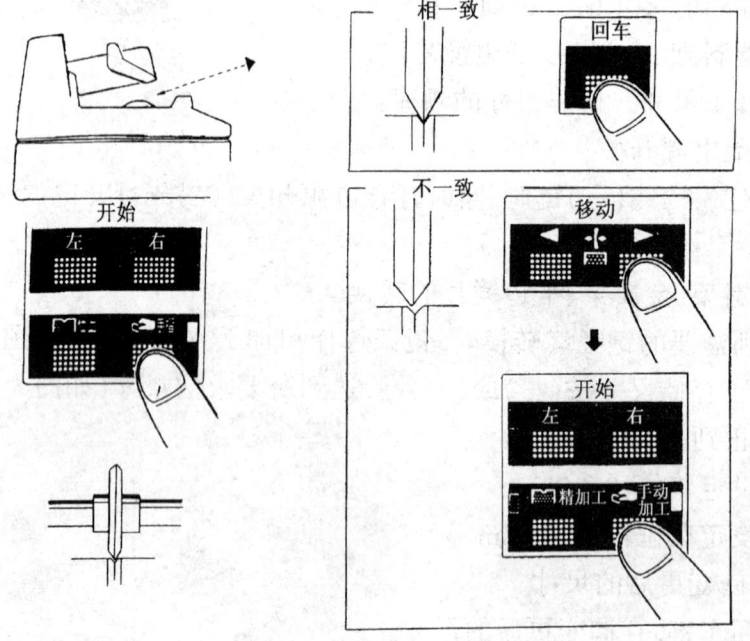

图 6-1-3

① 按下手工键,镜片台下降,标准片下降到砂轮表面并测出磨损程度。几秒钟后上升在停止的几秒钟内请确认标准片的顶端是否和倒边槽的中心一致。

② 如果一致,按回车键,夹镜台移到最右方砂轮的上方并下降,确定后上升,自动回到初始位置。

③ 如不一致,按移动键使其一致。移动后再按一次手工键,镜片台下降到砂轮表面停留几秒,请再检查一下,可多次反复做,达到一致后按下回车键。

3．注意事项

(1) 半自动仿形磨边机应设置在日常的温度、湿度环境中,应避免阳光。

(2) 为使设备正常运转,不要设置在倾斜或有震动的地方。

(3) 正确安装好电源和联线。请单独使用插座,并接上地线。

(4) 保持工作场地的整洁卫生,不使用时请关上电源开关。

(5) 如果在未安装模板的情况下按启动键,摆杆下摆时可能造成镜片装夹轴和磨削砂轮的损伤。因此,即使在磨边机不用时,也应安装模板以保护机器。

(6) 安装镜片所使用的吸盘须清洁,表面不得有磨屑或水,污物或灰层可能造成镜片表面的有害划痕。若使用潮湿的吸盘,镜片可能在加工过程中产生滑移。应避免使用老化橡胶的旧吸盘,因其吸附力降低,会导致中心位置偏差。使用3~4个月后应换用新吸盘。

(7) 在磨削过程中应施加冷却液。冷却液喷注应连续而充分。可根据实际需要,调节冷却液箱上的流量控制阀。如果工作面上发现有"火心",表明冷却不充分,这将严重影响砂轮使用寿命,过大的磨擦热还会造成镜片破损。在磨削过程中施加充分的冷却液,这对于延长砂轮的使用寿命、保持砂轮锐度、防止镜片破损等都十分重要。

(五) 镜片开槽机

1．技术性能

材料	玻璃、树脂、PC片		
厚度	1.5~11.0mm		
直径	28~70mm		
槽深	0~0.7mm		
槽宽	0.6mm		
开槽所需时间	约40s		
动力	交流220V	50Hz	80W

2．精度检查步骤

（1）深度刻度须调到"0"位,镜片和砂轮两个开关都在 OFF 位置。

（2）利用附件加水器,用水充分地润湿冷却海绵块。

（3）按图示方向夹定镜片将机头降低到操作位置,放开导向臂,镜片落到两尼龙导轮之间,切割轮之上,旋转镜片开关置 ON 位置,使镜片转动 1/4 转检查确定其在滚轴间的恰当位置上,再开启切割轮开关,最后调节深度刻度盘,使其固定在你设定的位置上。

（4）大约 40s 后,切割的声音会有所变化,表明镜片开槽已完毕,随即关闭切割轮开关和镜片转动开关,抬起机头,取下镜片。

（5）检查镜片的槽深和槽宽是否符合标准。尤其是槽深,与你在深度刻度盘上设定的位置是否相符。若有偏差应调节深度刻度盘直到符合要求为止。

3．注意事项

（1）自动开槽机必须安装在结实的工作台上。保持平整稳定,不能倾斜。

（2）正确安装好电源,并单独使用插座安装好地线。

（3）在镜片上开槽前,必须先决定在这镜片上选用哪一种槽型,见图 6-1-4 槽型图。

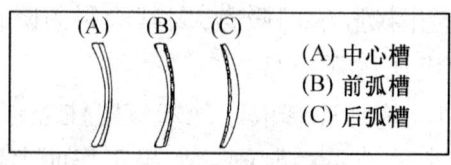

图 6-1-4

（六）钻孔机

1．技术性能

（1）镜片材料:玻璃、树脂、PC 片。

（2）钻孔直径:0.8～2.8mm。

（3）电源要求:100～120V/60Hz　AC　25W;
　　　　　　　200～240V/50Hz　AC　15W。

2．精度检查步骤

（1）用洞校正开关校正洞的直径(图 6-1-5)。

洞直径范围 0.8～2.8mm,±0.2mm。

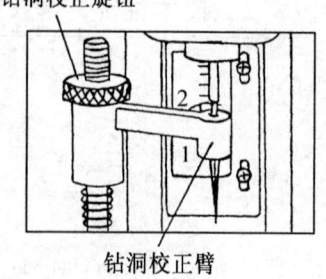

图 6-1-5

(2) 镜片的钻孔中被钻孔器插入并慢慢抬起镜片,洞轻微地被调整(如图6-1-6)。

(3) 在玻璃镜片钻孔时,添加切口油。万一钻孔时间过长,上下钻头间隙应进行校正,上下钻头间隙调节到尽可能小,最合适的间隙是0.1mm。为了检查间隙,可完全推动扶手调节,步骤如下:

① 当推动扶手时,把附件3mm销子插入机器顶部(图6-1-7)。

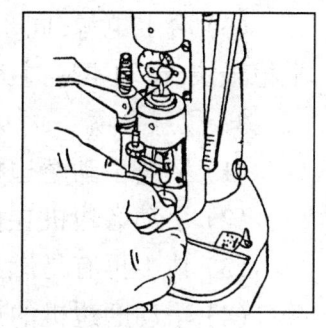

图6-1-6

② 为了使间隙更小,按顺时针方向转动销子,若使间隙变大,按逆时针转动销子。

(4) 检查确保铰刀旋转没有偏差。如果铰刀有点偏差,按下钻头调节臂,把铰刀放松,用钳子夹紧铰刀柄调节偏差。注意,切勿用钳子夹住铰刀边缘压弯铰刀,否则会折断铰刀。

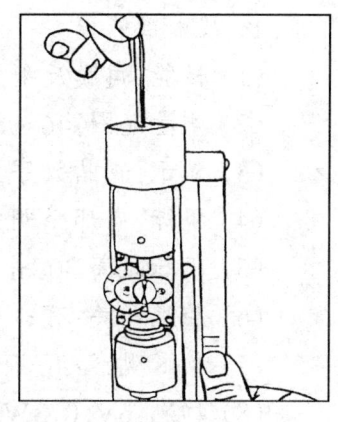

3. 注意事项

(1) 钻孔机应放在牢固的平台上。

(2) 切勿把该机接在不符合的电源上(电压及频率),务必使电源与该机相等并安上地线。

图6-1-7

(3) 切勿把该机置于高温或阳光下。

(4) 该机除了镜片钻孔,切勿移作他用,以免影响精度或损坏。

(5) 该机配有锋利钻头及铰刀,拿动时务必仔细,以免刺破。

(七)手动磨边机

1. 技术性能

(1) 金刚石砂轮:外径ϕ114mm、内径ϕ16mm、宽20mm;

(2) 金刚砂粒度:180目、240目;

(3) 额定电压:220V;

(4) 额定频率:50Hz;

(5) 输入功率:60W;

(6) 同步转速:1120转/min。

2. 精度检查步骤

(1) 手动磨边机在使用前应仔细检查其零件,是否有损伤,紧固件是否有松动等现象。

(2) 用手转动砂轮轴应灵活无碰擦,砂轮无松动。

(3) 合上电源,同步转速应达到 1120 转/min,并有良好的动平衡,声音应平稳轻快,振动不应过大。

3．注意事项

(1) 请按手动磨边机铭牌上规定的电压和频率使用；

(2) 手动磨边机在使用时,外壳必须可靠接地；

(3) 请不再有易燃易爆气体的场合使用该机；

(4) 手动磨边机的旋转方向应与转向指示牌一致。

(八) 瞳距仪

1．技术性能

(1) 性能:角膜反射光一致；

(2) 测量范围:46～82mm,最小读数间隔 0.5mm(单眼 23～41mm)

(3) 显示:液晶数字显示；

(4) 视标:内部照明；

(5) 视标距离 30cm～∞；

(6) 屈光开关:有；

(7) 单眼观察:有；

(8) 灯泡:6V,0.3W；

(9) 电源:DC 6V。

2．注意事项

(1) PD-5 数字瞳距测量仪是一台精密的仪器,应在湿度、温度合适的地方使用；

(2) 不要将仪器放在阳光直射的地方；

(3) 请用清洁布清洁塑料部分(仪器盖、开关、透明塑料片),不要使用化学物质；

(4) 仪器出现故障时,请不要自行拆卸,请与制造公司维修站联系。

(九) 其他简易仪器设备

1．应力仪

应力仪是检查磨边后的玻璃片、树脂片和 PC 片装入镜框内后有否产生应力的一种仪器。结构简单使用方便,一只灯泡和二块偏光片就组成一个应力仪,要求电气安全。

2．烘热器

采用电热丝加热,通过小风机将热气微微从管子中吹出,加热塑料镜架,进行装片和调校等。要求电气安全可靠。

(十)简易工具和量具

配镜员不仅应会使用保养仪器设备,还要会使用保养简易工具和量具(如定中心板、厚薄卡钳或厚度仪、校配专用工具、瞳距尺等),经常用清洁布清洁工具和量具表面,保持刻度清晰。不要放在阳光直射的地方,防止变形影响精度,尤其不要接触化学物品造成量具和工具腐蚀严重甚至损坏。

第二单元　仪器设备保养

一、学习目标

掌握配镜所用仪器设备的维护保养知识。

二、学习内容

(一)概述

仪器设备保养是操作工人的主要工作内容之一,通过仪器设备保养,使仪器设备经常处于良好的技术状态。

1．仪器设备保养的目的:
(1) 保持仪器设备的精度性能;
(2) 保持仪器设备传动和操作系统正常、灵敏、可靠;
(3) 保持设备润滑良好、油路畅通;
(4) 保护仪器设备电气系统线路完整;
(5) 保持设备各滑动面无拉、碰、划伤痕;
(6) 保持设备内外整洁;
(7) 保证设备无"四漏",节约能源;
(8) 保持设备完整安全可靠。

2．仪器设备保养的要求:
仪器设备保养必须达到的四项规定要求:
(1) 整齐:工具、工件、附件放置整齐,工具箱、料架应摆放合理整齐,仪器设备零部件及安全防护装置齐全,各种标牌应完整、清晰;线路、管道应安装整齐、安全可靠。
(2) 清洁:设备内外清洁,无黄袍、油垢、锈蚀,无玻璃粉和塑料屑;各滑动面无油污、无碰伤;各部位不漏油、不漏水、不漏气、不漏电;设备周围地面经常保持清洁。

(3) 润滑：按时按质按量加油和换油,油箱、冷却箱应清洁,各部位轴承润滑良好。

(4) 安全：实行定人定机和交接班制度；熟悉设备结构,遵守操作维护规程,合理使用,精心保养,监测异状,不出事故。

3. 仪器设备日常保养的操作步骤

仪器设备日常保养包括每班保养和周末保养两种,由操作工人负责进行。

(1) 每班保养要求操作工人在每班生产中必须做到：

① 班前对设备各部位进行检查,按规定进行加油润滑,确认正常后才能使用设备。

② 班中要严格按操作维护规程使用设备,时刻注意其运行情况,发现异常要及时处理。

③ 不能排除的故障应通知维修工人进行检修,维修工人应在"故障修理单"上作好检修记录。

④ 下班前应对设备进行认真清扫擦拭,并将设备状况记录在交接班记录簿上,办理交接班手续。

(2) 周末保养主要是在周末和节假日前对设备进行较彻底的清扫、擦拭和加油。可以利用较长的假期,对设备进行检修。

(3) 设备日常保养的基本功——"三好"、"四会"。

"三好"要求有以下三条：

A. 管好设备——操作者应负责保管好自己使用的设备,未经领导同意,不准其他人操作使用。

B. 用好设备——严格贯彻操作规程和工艺规程,不超负荷使用设备,杜绝不文明的操作。

C. 修好设备——设备操作工人要配合维修工人修理设备,及时排除设备故障,按计划交修设备。

"四会"要求有以下四条：

A. 会使用——操作者应先学习设备操作维护规程,熟悉设备性能、结构、传动原理,弄懂加工工艺和工装夹具,正确使用设备。

B. 会维护——学习和执行设备维护、润滑规定,上班加油,下班清扫,经常保持设备内外清洁、完好。

C. 会检查——了解自己所用设备的结构、性能及易损零件的部位,熟悉日常点检、掌握检查的项目、标准和方法；

D. 会排除故障——熟悉所用设备特点,懂得拆装注意事项及鉴别设备正常与异常现象。会作一般的调整和简单故障的排除。自己不能解决的问题及时报告,并协同维修人员进行排除。

4．注意事项：

(1) 日常保养是设备保养的基础工作,因此必须做到经常化、制度化和规范化。

(2) 认真做好日常保养工作,发现有异常,应立即停机,通知检修人员,绝不允许带病运转；

(3) 在日常保养中一般不允许拆卸,尤其是光学部件,必要时应由专职修理工进行。

(4) 润滑油料、擦拭材料以及清洗剂必须严格按说明书的规定使用,不得随意代用。

(5) 非工作时间应加防护罩,如长期停歇,应定期进行擦拭、润滑、空运转；

(6) 附件和专用工具应有专用柜架搁置,保持清洁,妥善保管,不得损坏,外借和丢失。

(二) 仪器设备维护保养实例

1．JDY-1型镜片顶点屈光度测量仪的维护保养

(1) 该仪器是精密光学仪器,必须精心维护与保养,才能保持仪器精度和延长使用寿命。

(2) 使用仪器之前,必须对仪器原理、机构、检测方法等有所熟悉方可使用；

(3) 使用仪器时,不得碰撞,镜头零件不可随意拆卸,转动部位不能用力过大过猛,须柔和操作,仪器使用完毕,必须做好清洁工作,并套上仪器套。

(4) 经常保持仪器的清洁,玻璃表面如有灰尘、脏物可用松毛刷轻轻拂去,再用镜头纸轻轻擦净,严禁用手触摸玻璃表面。如有手印污迹,须用脱脂棉蘸以酒精乙醚混合液擦拭干净。

(5) 仪器应放在干燥,空气流通的房间内,防止受潮后光学零件生霉发雾,仪器避免强烈振动或撞击,以防光学零件损伤或松动,影响测量精度。

(6) 仪器如有损坏或精度降低一般送工厂修理,不要任意乱拆,如果顶点屈光度测量手轮零位有偏移时,可自行拧松固定指标的螺钉,将指标对正零位再拧紧螺钉。

(7) 目标分划中心和目镜分划中心有偏移时,可拧松三个目标分划中心调节螺钉进行调整。

2. LL-5镜片中心仪的维护保养

(1) 每天保持中心仪的清洁。应使用软刷或软布擦拭刻度面板和视窗面板,切莫用干硬布料等擦拭面板,以免损坏面板。

(2) 操作完毕应关闭照明灯。当照明灯不亮时应先检查电源插座上保险丝,再检查照明灯泡,检查和更换照明灯泡应先拧下护圈。

(3) 每周在压杆活动配合处加入少量润滑油。

3. LP-5镜片制模机的维护保养

(1) 及时清理工作台板切割区周围切屑和集屑斗中切屑,每天将机器擦拭干净。

(2) 每周在工作头上表面前方的加油孔中滴入1~2滴钟表油。

(3) 必要时更换"O"型传动带。方法为打开工作头后面的后盖板和机箱背面的盖板即可更换"O"型传动带。

(4) 制模数千片后,当切割头和切割套磨损增加到影响制作的模片质量时,应更换切割头和切割套。方法为打开工作头前盖板,拧松右下侧的切割套紧定螺钉,将切割套、切割头和与其相连的箍一同从轴承上拉出。换上新的,按拆卸相反的顺序装回,紧固每一个零件即可。

4. AE-100DX半自动形磨边机的维护保养

(1) 更换保险丝

关上电源开关后,拔下电源插头;转动保险管盖,取出保险丝;

换上新的保险丝重新装好(注意保险丝为10A)。

(2) 更换冷却水

每加工100片镜片,要更换用水。削磨下来的粉末作为不可燃烧物处理。

(3) 清洗水管

如使用不干净的水,出水管易阻塞,如阻塞了要从镜片台上取下,用细铁丝清理通畅。

(4) 修理砂轮

使用时间过长或加工出的镜片倒边不规则,是因为粉末使砂轮磨镜片速度减慢。这时,可使用修正砂条,粗砂条用于粗磨砂轮,按下手加工键,砂轮转动后,关上电源开关,在砂轮还转动时,用沾上水的修正砂条,按在砂轮上做5~10次。

(5) 补充消泡剂

加工塑料镜片时,水箱内会产生水泡,补充消泡剂可使水泡减少。

(6) 砂轮的拆卸方法

① 使夹镜台处在手加工状态。
② 取下砂轮外壳。
③ 用 24mm 扳手固定住砂轮螺丝。
④ 用内六角扳手取下顶上的六角螺丝。
⑤ 慢慢拔下砂轮。

(7) 清扫

当使用完毕,要把镜片台上沾着的粉末等清扫干净,否则会变硬不易清扫(注意:不要使水流入机器内部,否则会发生故障)。

① 打开防水盖。
② 往右移动,先使右边向上,把转动轴从洞中拔出。
③ 然后往左移动取下防水盖。

5. NG-5 自动镜片开槽机的维护保养

(1) 排水

开槽机的切割轮前方固定有一小排水管,同时配制有一个塞子以防偶然的喷溅,请经常拔动这个塞子,这样才不会因为允许有过多积水而导致轴承锈蚀。

(2) 清洗海绵:

经常清洗海绵,去除杂质微粒,并使它在使用前充分浸湿,当海绵旧了就要更换,每日使用完毕须将它取出漂洗干净。

(3) 润滑主轴

用干净的布经常清洁主轴,平常可使用一种白色的润滑膏抹在主轴表面,以保机头始终能自由摆动。

(4) 重置切割轮

要重新安装切割轮时,可先拔去电源插头,然后在轴的小孔中插入一细棒,再旋开轮盘的十字槽头螺钉。

6. TC-3 钻孔机的维护保养

(1) 及时清理工作台板周围切屑,每天将机器擦拭干净。
(2) 每周加油润滑一次滑动部件。
(3) 钻头更换

① 揭开发动机罩(图 6-2-1)。
② 用钳子夹紧钻头颈部,转动发动机旋钮,钻头便会掉下。
③ 若重装上钻头,按上述相反程序操作。

注意:上下钻头的刀口应调节成一线。

由于上下钻头形状、尺寸一样,所以可以上下互换。

(4) 钻头磨锋利

如果钻头长时间使用会变钝,可用附件套筒夹住钻头(如图6-2-2)在磨面上磨锋利。

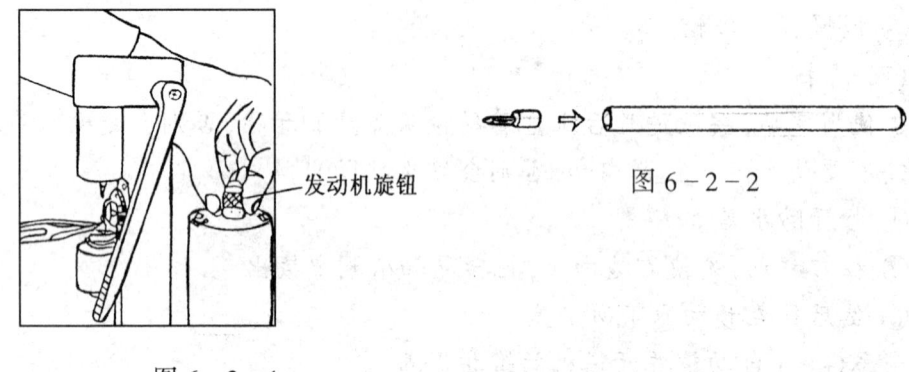

图6-2-2

图6-2-1

(5) 更换铰刀:(注意:铰刀非常锋利,操作时务必小心,以免受伤)

① 调松铰刀上的螺丝,拿下铰刀(图6-2-3)。

② 把新铰刀插入铰刀座,然后用手指捏紧下钻头座和铰刀座,拧紧螺丝。

③ 检查确保铰刀旋转没有偏差。

④ 如果铰刀有点偏差,按下钻头调节臂,把铰刀放松,用钳子夹紧铰刀柄调节偏差。

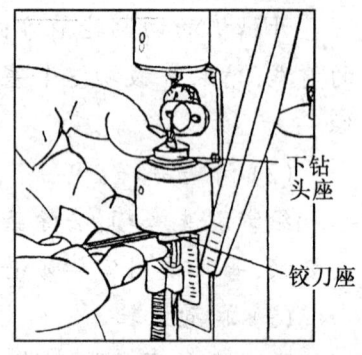

图6-2-3

注意:切勿用钳子夹住铰刀边缘压弯铰刀,否则会折断铰刀。

7. 手工磨边机的维护保养:

(1) 手工磨边机每天使用完毕,要把沾着的粉末等清扫干净,否则会变硬不易清扫。

(2) 该机的工作制采用 Sz30min,即连续工作 30min,应停机冷却后方可再次使用,否则将容易损坏电机绕组。

(3) 使用时水不能过多,以免水溅进内侧的轴承内,缩短轴承的使用寿命。

(4) 更换新砂轮前首先应仔细检查新砂轮的安全线速度是否与规定相符,如低于规定者不得使用。安装新砂轮一般以砂轮无松动为宜,校砂轮平衡,不应有明显偏摆。更换新砂轮后,应将砂轮机试运转,声音平稳轻快,振动不应过大。

8．PD－5数字瞳距测量仪的维护保养

（1）观察窗和检查窗不能被手指或灰尘玷污，如果观察到污点，请用揩镜头纸一样柔软的纸沾上无水酒精擦拭。

（2）可用软布擦拭仪器塑料部分的污物。

（3）更换电池

当PD值不清楚，即使按下主开关后888 888 888不显示或即使内部亮点点亮时888 888 888不转换成另一数字。就用以下方法更换电池：卸下电池盖，取出电池，换上新电池，装上电池盖。

注意：① 一次要更换所有4节电池。

② 如果长期不用电池时，需取出电池保存。

（4）更换灯泡

当打开主开关时，有PD显示，但固视标不亮，表明灯泡坏需更换。

① 用螺丝刀卸下螺丝，使仪器底部与上盒子分开。

② 注意它们是通过细导线连接的，不要碰断导线。

③ 卸灯泡时，请用塑料管附件握住灯泡头，用相反的步骤装新灯泡，安装盒子前检查灯泡是否正常。

④ 注意盒子安装时，应特别注意PD定位器不能碰到前方的玻璃，玻璃不要掉下来，否则在测量时出现错误。

练习题

1．仪器设备保养的目的和要求是什么？

2．JDY－1型镜片顶点屈光度测量仪，如果顶点屈光度测量手轮零位有偏移时，如何进行调整？

3．JDY－1型镜片顶点屈光度测量仪，如果目标分划中心和用目镜分划中心有偏移时，如何进行调整？

4．在定中心仪上使用的模板有什么要求？

5．如何调换LP－5制模机切割头和切割套？

6．ALE－100DX半自动仿形磨边机如何更换保险丝？

7．ALE－100DX自动仿形边机如何修正和修理砂轮及拆卸砂轮？

8．如何调换开槽机的切割轮？

9．TC－3钻孔机如何调节钻头间隙？

10．TC－3钻孔机如何更换钻头？

11．TC－3如何更换铰刀？

12. 如何保养数字瞳距测量仪的观察窗和检查窗?

第二节 故障排除

第一单元 故障的判断和排除

一、学习目标

掌握配镜所用仪器设备的一般故障判断和排除基本知识。

二、学习内容

凡属仪器设备一般机械故障,操作者应能自行排除。较大故障应与维修人员共同排除。并能在电气人员指导下,经常熟悉电器结构,如遇电器故障应在电器人员参加下协助排除电器故障。

(一) JDY-1型顶焦度计的常见故障及排除

1. 接通电源,开关处于接通位置。此时灯泡不亮。
(1) 检查电源供电是否正常。接触是否良好。
(2) 检查保险丝是否完好。
(3) 检查灯泡是否损坏。如需调换灯泡,只要将保护盖打开,灯泡即可拆装。

2. 顶焦度计测量手轮零位有偏移。
拧松固定指标的螺钉,将指标对正零位,再拧紧螺钉。

3. 目标分划中心和目镜分划中心有偏移。
拧松三个目标分划中心调节螺钉进行调整。

4. 打印镜片的光学中心标记偏移
(1) 用标准镜片作被测镜片,测定后将活动分划像中心的十字中心与望远镜分划的十字中心对正,用打印机构打印镜片中心标记A。
(2) 将标准镜片旋转180°同上再作测定后打印镜片中心标记B。
(3) A和B不重合说明打印镜片的光学中心偏移,就要调整打印机构,直至A和B重合为止。

5. 打印镜片后无墨迹或标记不清。
经长时间使用后,印台内储存的墨汁逐渐减少或干涸可取下印盒加墨汁。

(二) LL-5 镜片中心机的常见故障及排除

1. 接通电源,开关处于接通位置,此时灯泡不亮。

(1) 检查电源供电是否正常,接触是否良好。

(2) 检查保险丝是否完好。

(3) 检查灯泡是否损坏,如需调换灯泡,应先拧下护圈,灯泡可拆装。

2. 压杆转动不灵活,压下压杆阻力较大。

检查压杆活动配合处润滑是否良好,应加入少量润滑油。

3. 吸盘架无法连同吸盘转到中心位置,吸盘就会掉下。

检查吸盘架是否磨损,调换吸盘架。

(三) LP-5 镜片制模机常见故障及排除

1. 接通电源,接通工作开关,工作头中的切割头不动作。

(1) 检查电源供电是否正常,接触是否良好,是否有可靠的地线。在全部正常情况下作下面检查。

(2) 检查机器背面电源插座上是否装有保险丝和保险丝是否完好。全部完好再作下面检查。

(3) 电动机是否完好,若正常作下面检查。

(4) "O"传动带是否松弛,无法带动切割头,就需更换"O"型传动带。方法为打开工作头后面的后盖和机箱背面的盖板,将旧"O"型传动带取下,装上新的"O"型传动带即可。

2. 经制模机切割出的模板,与被仿形的镜架右镜圈比较,发现模板尺寸不一致:可松开尺寸锁紧螺丝,调节模板尺寸调节旋钮。旋钮上刻度每一小格表示 0.2mm,一圈共 10 格。调节旋钮至要求后及拧紧锁紧螺丝即可。

3. 制模机制作的模板质量不好,边缘不光滑,毛边多。

检查切割头和切割套是否磨损,进行调换切割头和切割套。方法为打开工作头前盖板,拧松右下侧的切割套紧定螺钉,将切割套、切割头和其相连的箍一同从轴承上拉出。换上新的,按拆卸相反的顺序装回,紧固每一个零件即可。

(四) ALE-100DX 半自动仿形磨边机的常见故障及排除

1. 按下手加工键,砂轮不转动。

(1) 电源供电是否正常,电源开关是否打开。

(2) 保险丝是否完好。

2. 砂轮转动但水管不出水。

(1) 上水柄是否打开。

(2) 水管口是否接好。

(3) 水管内是否有水流。

(4) 出水管是否阻塞,如阻塞可用细铁丝通。或用压缩空气吹。

3. 水花飞溅过大。

可调整出水管的方向和出水量大小,使水不要直接射到砂轮上。

4. 自动加工时,倒边偏后。

(1) 镜片台是否在水平位置,应调整到水平。

(2) 砂轮的倒边是否不规则,对倒边砂轮进行修正。利用标准片的顶端和倒边槽的中心一致来修正倒边砂轮。

5. 加工时间比以前长。

用修正砂条修正砂轮。

6. 加工时镜片有轻微移位,说明该镜片的加压不够。

拆开加压手柄外壳,再调整弹簧压力,注意压力不能调到太高而使镜片压碎,以压牢镜片不移位为宜。

(五) NG-5自动镜片开槽机的常见故障及排除

1. 打开切割轮开关和镜片转动开关,砂轮和镜片不转动。

(1) 电源供电是否正常,接触是否良好。

(2) 保险丝是否完好。

2. 开槽过程,镜片有移动。

夹紧旋钮对镜片压力不够,需调整夹紧旋钮的压力,压力不要太大,使镜片压碎,以压牢镜片不移位为宜。

3. 排水孔堵塞。

应及时使其畅通,可用细铁丝通或用压缩空气吹。

4. 切割砂轮磨损,需调换新砂轮。

在调换新砂轮时,要先拔去电源插头,然后在轴的小孔中插入一细棒,再旋开轮盘的十字槽头螺钉,进行调换。

5. 经开槽后的镜片槽深太浅。

(1) 深度刻度盘调节未到位。

(2) 被加工镜片材料太硬,可先将深度刻度盘调节到所需深度的一半,在完成一个操作周期后,再调整深度至所需深度上进行下一轮操作即可。

(六) TC-3型镜片钻孔机常见故障及排除

1. 打开开关,钻头及铰刀不运转。

(1) 检查电源供电是否正常,务必使电源与该机的电压及频率相符。

(2) 保险丝是否完好。

(3) 电动机是否正常。

2．双面钻上下孔误差大，不重叠。

上下钻头间隙太大，要进行钻头间隙调节，上下钻头间隙应尽可能小，最合适间隙是 0.1mm。上下钻头的刀口应调节成一线。

3．钻孔时间长，孔内壁不光滑。

钻头磨损变钝，调换新钻头或用附件套筒夹住钻头将钻头磨锋利。

4．铰刀旋转有偏差。

按下钻头调节臂，把铰刀放松，用钳子夹紧铰刀柄调节偏差。

(七) 注意事项

1．当设备发生故障后，要分析故障原因，切忌超负荷，违章操作。

2．为避免和减少故障的出现，必须做到以下几点：

(1) 合理使用，精心维护；

(2) 加强日常保养，做好清洁，润滑工作；

(3) 定期调整设备各部的形位关系和摩擦之间的间隙；

(4) 严格执行各项维修管理制度。

3．一般故障，操作者应能自行排除，较大故障应与维修人员共同排除，大故障应送生产厂检查修理。

4．如遇电器故障应在电器人员参加下，协助排除电气故障，没有电器人员参加，操作人员不得检查电气故障。

第二单元　安　　全

一、学习目标

了解安全知识及安全操作规程，实现安全生产。

二、学习内容

(一) 安全的重要性

设备的安全操作，技术要求必须严格遵守。为此，就必须经常进行安全教育和安全检查。提高对安全生产的认识、学习安全知识，提高操作人员的生产技术水平，防止在生产过程中发生人身、设备事故，遵守安全生产规章制度，实现安全生产。

（二）设备的安全检查和试验

对设备进行安全检查和试验是安全生产的一项重要工作,其目的是尽早发现事故的隐患,解决安全生产上存在的问题。要定期地对电气系统做绝缘电阻测量,绝缘耐压试验,对各种安全防护装置和仪器仪表等都要做相应的性能试验。

（三）设备的安全装置

1．防护装置——对设备中容易发生事故的部分均应设有隔离防护装置,以免操作者不慎而触及危险部分。

2．保险装置——当设备在运行中出现危险情况时,能自动消除危险情况的装置。如熔断器、安全阀、安全销、限位器、继电保护装置等。

3．联锁装置——为避免发生事故,将设备的结构设计成能按规定的顺序进行操作,这种结构即为联锁装置。

4．制动(刹车)装置。

5．信号装置——指示灯、声响及各种仪表。

6．危险牌示、色标和说明标记。

（四）遵守安全技术规程

对设备的安全操作技术要求必须严格遵守。为此,就必须经常进行定期安全检查。

1．检查有关安全生产规章制度的贯彻执行情况。

2．分析研究故障发生的原因,在接受教训后要及时提出防范措施。

3．接受有关安全技术方面的知识教育。重要的安全技术主要有：蒸汽锅炉和受压容器的安全技术；易燃易爆的安全技术；电气装置的安全技术；起重、焊接等等。

（五）注意事项

1．严格遵守仪器设备安全操作规程,不得超负荷运行和违章操作。

2．电气安全要有专人负责,仪器设备操作人员不得检修电气故障,要有电工操作证的人检修。

3．不得私自动用明火,须申请得到批准后做好防火措施,配备适用的消防器材,才能动用明火。

4．化学试剂要专人保管,极毒品要双人双锁,要有领用制度,使用人要有化学知识,严格按操作规程,防止污染环境。

练习题

1. 如何纠正顶焦度计打印镜片的光学中心标记偏移?
2. 如何排除制模机切割头不动作故障?
3. 如何排除半自动仿形磨边机砂轮转动但水管不出水的故障?
4. 半自动仿形磨边机加工镜片时,镜片有轻微移动如何排除?
5. 如何调换开槽机的砂轮?
6. 如何调整钻孔机双面钻上下孔误差大?
7. 设备的安全装置有哪些?
8. 为避免和减少故障的出现,必须做到哪几点?

后　记

本书执笔情况如下：

加工工艺知识，加工制作的第三节、第四章检测及第五章整形校配

　　　　　　　　　　　上海大学光学眼镜技术教研室　须耀辉
　　　　　　　　　　　　　　　　　　　　　　　　　戴臣侠

眼镜商品知识及加工制作的一、二、四节

　　　　　　　　　　　大连茂昌眼镜有限公司　　　　王　林

几何光学　　　　　　　温州医学院眼视光学院　　　　王勤美
眼科学　　　　　　　　上海诺华视康隐形眼镜公司　　齐　备
眼镜光学　　　　　　　中国轻工总会玻璃搪瓷研究所　钟荣世
眼屈光学　　　　　　　天津职业大学　　　　　　　　宋慧琴
接待、分析处方　　　　广州市一商学校　　　　　　　邱新兰
接待、介绍商品　　　　西安西北眼镜行　　　　　　　张　普
仪器维护　　　　　　　上海市眼镜贸易中心　　　　　钱仁德

全书由中国眼镜协会卢文若统编。

本书在编写过程中得到上述单位的负责人和有关专家的积极支持和合作，在此表示最诚挚的感谢。

　　　　　　　　　　　　　　　劳动和社会保障部职业技能鉴定中心
　　　　　　　　　　　　　　　中　国　眼　镜　协　会